DeepSeek 从入门到精通

徐昕张 / 编著

全面提升你的工作效率、办公效率、学习效率、生活效率

满足每个人对 DeepSeek 的需求

民主与建设出版社

© 民主与建设出版社，2025

图书在版编目（CIP）数据

DeepSeek从入门到精通 / 徐昕张编著. -- 北京：民主与建设出版社, 2025.4. -- ISBN 978-7-5139-4917-0

Ⅰ. TP18

中国国家版本馆CIP数据核字第20257U8D63号

DeepSeek从入门到精通
Deep Seek CONGRUMEN DAO JINGTONG

编　　著	徐昕张
责任编辑	刘树民
封面设计	宋双成
出版发行	民主与建设出版社有限责任公司
电　　话	（010）59417747　59419778
社　　址	北京市海淀区西三环中路10号望海楼E座7层
邮　　编	100142
印　　刷	三河市天润建兴印务有限公司
版　　次	2025年4月第1版
印　　次	2025年4月第1次印刷
开　　本	710毫米×1000毫米　1/16
印　　张	12
字　　数	146千字
书　　号	ISBN 978-7-5139-4917-0
定　　价	58.00元

注：如有印、装质量问题，请与出版社联系。

前言

在这个数字化与智能化飞速发展的时代，人工智能已经悄然渗透进我们生活的每一个角落，从简单的语音助手到复杂的商业数据分析，它正以惊人的速度改变着我们的生活方式和工作模式。而今天，我们要深入探索的主角——DeepSeek，正是这一变革浪潮中的杰出代表。

DeepSeek 作为一款功能强大且应用广泛的人工智能工具，它不仅仅是技术的结晶，更是为用户量身打造的智能伙伴。它在商业、学习、生活等多个领域展现出的无限潜力，正在重新定义我们与世界的互动方式。

在商业领域，DeepSeek 已经成为职场人士的得力助手。它能够轻松应对从基础的文档处理到复杂的数据分析等各项任务，帮助商务人士高效完成工作，为决策提供有力支持。无论是撰写精准的商务邮件、生成详尽的市场调研报告，还是制定周密的工作计划，DeepSeek 都能凭借其强大的语言理解与生成能力，迅速提供高质量的解决方案，让商务人士在激烈的职场竞争中脱颖而出。

对于广大学生和学习爱好者来说，DeepSeek 更是一个知识的宝库和学习的加速器。它能够为学生提供个性化的学习计划和专业的学术指导，助力他们在知识的海洋中畅游。无论是解答复杂的数学问题、辅导语文作文写作，还是帮助理解晦涩难懂的专业知识，DeepSeek 都能以通俗易懂的方式呈现，激发学生的学习兴趣和探索欲望，让学习变得更加轻松高效。

在日常生活中，DeepSeek 也展现出了其独特的魅力。它能够根据个人的健康状况和需求，定制个性化的营养方案和健身计划，成为人们健康管理的贴心助手。无论是为忙碌的上班族设计均衡的饮食计划，还是为想要保持身材的人制定科学的健身方案，DeepSeek 都能提供专业且实用的建议，帮助人们实现健康生活的目标。

在自媒体内容创作领域，DeepSeek 的价值同样不可小觑。它能够为创作者提供从选题策划到内容生成的全方位支持。通过分析海量数据和用户行为，DeepSeek 可以精准捕捉当前热点和趋势，为创作者推荐最具潜力的选题方向。无论是时事评论、科技动态，还是生活趣事、文化探索，DeepSeek 都能帮助创作者迅速找到切入点，生成吸引人的标题和开头，从而在信息海洋中脱颖而出。

DeepSeek 还能根据不同平台的特点和用户偏好，定制化生成内容。例如，在小红书上，它可以生成符合年轻用户喜好的种草文案，搭配精美图片和真实体验分享，提升内容的互动性和传播力；在知乎，它能提供逻辑严谨、信息丰富的深度回答，满足用户对专业知识和见解的需求；在抖音等短视频平台，它可以帮助创作者设计吸睛的脚本，优化视频结构和节奏，增加完播率和点赞量。

此外，DeepSeek 还能协助创作者进行内容优化和迭代。通过分析用户反馈和平台数据，它可以帮助创作者了解内容的受欢迎程度和改进空间，从而及时调整创作方向和风格，保持内容的新鲜度和吸引力。这种基于数据驱动的创作方式，不仅能够提高创作者的效率，还能显著提升内容的质量和影响力，帮助创作者在自媒体领域取得更大的成功。

DeepSeek 的出现，不仅为我们带来了前所未有的便利和效率，更让我们看到了人工智能与人类生活深度融合的无限可能。它正在逐步打破技术与生活之间的壁垒，成为人们追求高品质生活和高效工作的 essential tool. 现在，让我们一同踏入这个由 DeepSeek 带来的智能新时代，去发现它在各个领域中的精彩应用和无限潜力，开启属于我们的智能生活与高效工作的全新篇章。

目录

第一部分　初识DeepSeek——你的AI超能助手

第一章　DeepSeek的定位和价值 ……………………………… 003
　1.1　DeepSeek是什么 …………………………………………… 003
　1.2　DeepSeek能做什么 ………………………………………… 006
　1.3　为什么选择DeepSeek？ …………………………………… 009

第二章　两分钟快速上手DeepSeek …………………………… 012
　2.1　防坑指南之注册与登录 …………………………………… 012
　2.2　90%的人不知道的界面隐藏功能 ………………………… 015
　　2.2.1　移动端界面隐藏功能 ………………………………… 015
　　2.2.2　网页端界面隐藏功能 ………………………………… 017
　2.3　DeepSeek三种模式全知道 ………………………………… 019
　　2.3.1　基础模型DeepSeek-V3 ……………………………… 019
　　2.3.2　深度思考R1 …………………………………………… 021
　　2.3.3　联网搜索 ……………………………………………… 021
　　课后练习 ……………………………………………………… 024

第二部分　新手入门：如何高效使用 DeepSeek

第三章　让 DeepSeek 秒懂你的潜台词 …………………………… 027
3.1　五种万能提问句式 …………………………………………… 027
3.1.1　明确任务型 ……………………………………………… 027
3.1.2　提供背景型 ……………………………………………… 029
3.1.3　给出示例型 ……………………………………………… 030
3.1.4　限定格式型 ……………………………………………… 032
3.1.5　总结归纳型 ……………………………………………… 032
3.2　追问话术：如何让 AI 主动掏干货 ………………………… 035
3.2.1　逆向思维追问法 ………………………………………… 035
3.2.2　逻辑推理追问法 ………………………………………… 036
3.2.3　情感分析追问法 ………………………………………… 038
3.2.4　案例分析追问法 ………………………………………… 039
3.3　自定义 AI 的输出风格 ……………………………………… 039
3.3.1　直接指定风格 …………………………………………… 040
3.3.2　模仿特定风格 …………………………………………… 041
3.3.3　逆向约束法 ……………………………………………… 042
3.3.4　思维引导法 ……………………………………………… 043
3.3.5　角色代入法 ……………………………………………… 044
3.3.6　场景设定法 ……………………………………………… 044
3.4　推理模型 R1 的使用技巧 …………………………………… 046
3.4.1　明确告诉 R1 你想要什么 ……………………………… 046

3.4.2　给R1一个目标而非过程 …………………………… 048

　　　3.4.3　提供R1没有的知识背景 …………………………… 048

　3.5　进阶技巧：高效提示词链五步法 ………………………… 049

　　　3.5.1　明确目标，构建清晰的指令框架 ………………… 049

　　　3.5.2　分步拆解，利用链式思维递进优化 ……………… 050

　　　3.5.3　动态反馈，建立双向修正机制 …………………… 050

　　　3.5.4　善用模板，标准化高频任务流程 ………………… 051

　　　3.5.5　跨界迁移，拓展提示词的创新边界 ……………… 052

　3.6　避雷——新手常犯的几大错误 …………………………… 052

　　　3.6.1　输入格式混乱 ……………………………………… 053

　　　3.6.2　忽略上下文关联 …………………………………… 054

　　　3.6.3　过度模糊指令 ……………………………………… 055

　　　3.6.4　不验证基础事实 …………………………………… 055

　　　3.6.5　超长内容不分段 …………………………………… 056

　　　3.6.6　重复相同问题 ……………………………………… 057

　　　3.6.7　误用专业术语 ……………………………………… 058

第四章　DeepSeek如何变复杂为简单 …………………………… 060

　4.1　长文档处理的三刀流 ……………………………………… 060

　　　4.1.1　解析：从复杂文档中提取结构化信息。 ………… 061

　　　4.1.2　重构：将信息转化为用户友好的形式。 ………… 061

　　　4.1.3　优化：提升信息利用效率。 ……………………… 062

　4.2　数据清洗可视化：轻松搞定混乱难题 …………………… 063

　　　4.2.1　数据清洗的价值 …………………………………… 063

4.2.2　数据清洗实战 …………………………………… 064

课后练习 …………………………………………………… 067

第三部分　进阶实战——DeepSeek 制霸全领域

第五章　职场办公赋能：每个人都有的 AI 助理 …………… 071

5.1　DeepSeek 助力商务公文成型 …………………………… 071

5.1.1　起草合同 …………………………………… 072

5.1.2　市场调查研究报告 …………………………… 074

5.1.3　工作汇报 / 总结 ……………………………… 078

5.1.4　可行性报告 …………………………………… 080

5.2　如何用 DeepSeek 写作各类商业文案 …………………… 083

5.2.1　硬广型文案 …………………………………… 084

5.2.2　故事型文案 …………………………………… 086

5.2.3　热点型文案 …………………………………… 088

5.2.4　知识干货型文案 ……………………………… 091

5.2.5　情感共鸣型文案 ……………………………… 093

5.3　DeepSeek 的高效办公技巧 ……………………………… 095

5.3.1　DeepSeek 快速生成 PPT …………………… 096

5.3.2　DeepSeek 快速生成思维导图 ……………… 099

5.3.3　DeepSeek 制作表格及应用 ………………… 101

第六章　用 DeepSeek 提升自我，助力生活 ………………… 106

6.1　DeepSeek 助你迅速进入新领域 ………………………… 106

6.2 如何用DeepSeek写作论文 …… 112
    6.2.1 论文大纲 …… 113
    6.2.2 论文写作 …… 116

6.3 私人营养师+24小时健身教练 …… 120
    6.3.1 DeepSeek成为你的私人营养师 …… 120
    6.3.2 DeepSeek成为你的健身教练 …… 122

6.4 DeepSeek就是最好的导游 …… 125

6.5 秒答孩子的十万个为什么 …… 127
    6.5.1 用DeepSeek巧妙回答孩子的"天真问题" …… 128
    6.5.2 用DeepSeek辅导孩子学习：从解题到激发兴趣 …… 131

第七章 DeepSeek+自媒体：内容创作降维打击 …… 135

7.1 DeepSeek+小红书抓住痛点 …… 135
    7.1.1 总结用户特性 …… 136
    7.1.2 小红书万能提示词 …… 137

7.2 DeepSeek+微信公众号紧跟热点 …… 138
    7.2.1 公众号的特殊性 …… 138
    7.2.2 让任何账号都能紧跟热点 …… 139

7.3 DeepSeek+其他内容平台 …… 144
    7.3.1 DeepSeek轻松写出知乎体 …… 145
    7.3.2 短视频文案写作 …… 148

    课后练习 …… 150

附　录　小白必备工具包

1.DeepSeek+各类APP的高端玩法 …………………………………… 153

2.DeepSeek官方提示库（常用场景节选）………………………………… 155

3.DeepSeek100个常用提示语模板 ……………………………………… 160

第一部分

初识 DeepSeek——
你的 AI 超能助手

第一部分　初识 DeepSeek——你的 AI 超能助手

第一章　DeepSeek 的定位和价值

在人工智能蓬勃发展的当下，各类 AI 模型层出不穷。DeepSeek 作为 AI 界的新星，凭借强大的功能与独特的优势，在众多模型中脱颖而出。本书将深入剖析 DeepSeek 的定位、价值以及使用方法，助力读者全面了解并高效运用这一智能工具。

1.1　DeepSeek 是什么

2005 年 1 月 27 日，全球科技巨头的股票纷纷遭受重创：芯片巨头英伟达（股价暴跌约 17%，半导体公司博通的股票下跌 17%，超威半导体公司股价下跌 6%，微软也跌了 2%。此外，人工智能领域的相关行业股价也不能幸免，比如美国联合能源公司攻下下跌 21%，Vistra 的股票跌幅更是高达 29%。

分析股市震动的原因时，DeepSeek 是股评人无法回避的消息面。

DeepSeek 并非横空出世的人工智能，其母公司"杭州深度求索人工智能基础技术研究有限公司"（简称深度求索）成立于 2023 年 7 月，公司位于杭州拱墅区呀，由著名量化私募幻方量化支持。

2024 年 1 月，深度求索公司发布了首款大模型 DeepSeek LLM，这是该公司正式进入大模型研发领域标志。但此时的DeepSeek LLM并无明显优势，珠玉在前的GPT-4、Claude-3.5、Gemini等国际顶尖模型让DeepSeek LLM黯然失色，市场也并未对其有过多关注。

同年5月，深度求索公司宣布开源第二代MoE大模型DeepSeek-V2。该模型在性能上比肩GPT-4Turbo，价格却远低于后者。正是这个模型让DeepSeek收获了"AI界拼多多"的称号。

此后，深度求索又推出DeepSeek V2.5，持续改进技术、提升用户体验。同年年底，推理模型DeepSeek-R1-Lite预览版正式上线。

这是DeepSeek火爆出圈的前哨站。2025年1月20日，深度求索正式发布DeepSeek-R1模型，该模型在数学、代码、自然语言推理等任务上，性能比肩OpenAI o1正式版。这使得DeepSeek在模型性能上达到了行业顶尖水平。

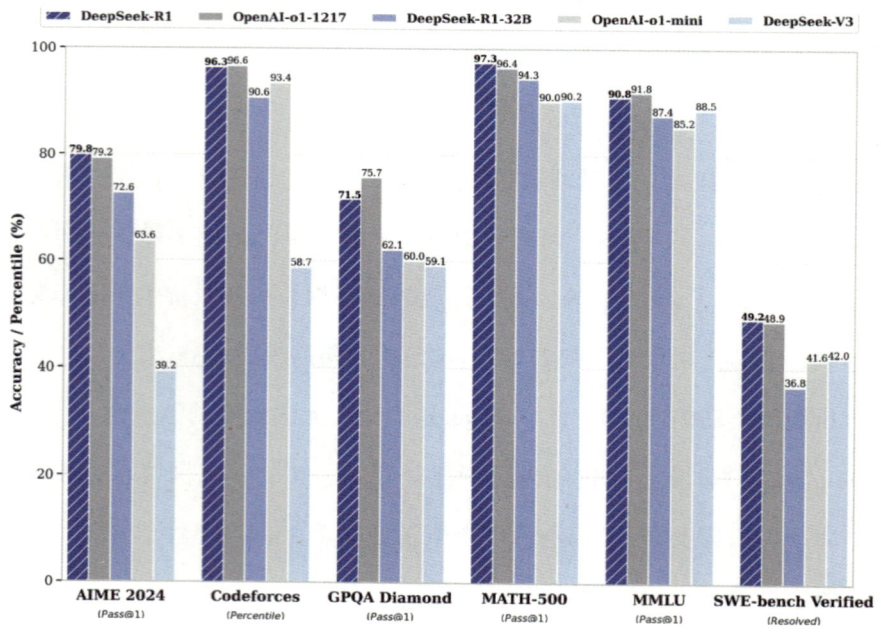

图1-1　DeepSeek-R1与其他模型性能对比（图片源自DeepSeek官网）

四天后，DeepSeek-R1成功跻身Arena大模型排行榜前三，其中在风格控制类模型（StyleCtrl）分类中与OpenAI o1并列第一，其竞技场得分达到1357分，略超OpenAI o1的1352分。

专业测评之外，市场也给予其强烈反馈。

上线仅一周，DeepSeek应用登顶15个国家和地区的苹果应用商店免费APP下载排行榜。同时，DeepSeek在美区苹果App Store免费榜从1月26日的第六位升至第一位，超越ChatGPT，这也是中国应用唯一一次同期在中国和美区苹果App Store占据第一位。这些成绩表明DeepSeek在全球范围内获得了广泛认可，其产品受到大量用户欢迎。

看到这里，许多人可能还在云里雾里——DeepSeek到底是一个什么样的APP？

根据公开信息，我们知道，深度求索是一家专注于通用人工智能（AGI）技术研发与普惠化应用的科技公司，所以，DeepSeek以AGI为终极方向，着力于突破当前AI技术的局限性，最终目标是让AI具备人类水平的通用推理和认知能力。

其技术定位主要有三点：

一是搭建推理大模型，以胜任数学、代码、逻辑等复杂推理任务，如DeepSeek-R1的强推理特性；

二是高效架构，降低训练、推理成本，实现高性能和低能耗的平衡；

三是多模态融合，探索文本、图像、视频等多模态数据的统一理解与生成，使得AI逐步拥有人类的多维智能。

DeepSeek的技术定位已经说明，这不是一款高高在上的小众APP，而是面向普通大众的赋能工具，是AI市场的破局者，更是中国人工智能走向世界的先驱。

1.2 DeepSeek能做什么

2001年，斯皮尔伯格导演的电影《人工智能》上映，作为一部优秀的科幻片，《人工智能》为人类打开了一个审视技术的全新视角。

在影片中，AI首先是作为情感陪伴的载体。主角小机器人大卫被赋予了对人类母亲的爱与渴望被爱的情感设定，他能像孩子一样给予母亲关怀，在母亲孤独、失落时始终陪伴左右，填补其内心空缺。

影片中，高度拟人化的AI引发了人类社会的巨大争议，有人视之如心头珍宝，有人视之为洪水猛兽。但AI相关技术的进步对人类社会的生产力、生活起居等诸多领域的变革却是毋庸置疑的。

《人工智能》毕竟超前太多，当今世界的AI还没有电影中那般全能，但跟五年前、十年前相比，AI技术已经有了长足的进步，这也意味着，AI的能力已经有了突飞猛进式的发展。

回到本书主题，DeepSeek作为AI界的新星，踩着前人的肩膀，后发优势明显。那么，它能为我们做什么呢？

1.处理语言文本

处理语言文本是DeepSeek等大模型的拿手好戏，无论是创作诗歌、散文、论文、小说、新闻稿件还是商务报告等各类文本，DeepSeek都能提供灵感启发和内容创作帮助。

DeepSeek爆火时，许多人都被它的文本处理能力惊艳到，其中以"李世民独白"流传最广。我们不妨以此为例，欣赏DeepSeek独树一帜的文本处理能力。

提问：玄武门之变结束当天，李世民在深夜写下一段独白，你觉得他会写些什么？

DeepSeek 回答：

夜已深，宫灯微明，烛影摇曳。

今日之事，终成定局。玄武门前，刀光剑影，血染宫墙。兄弟相残，非我所愿，然天命难违，大势所趋。建成、元吉，虽为手足，却步步紧逼，欲置我于死地。我李世民，岂能坐以待毙？

然，今夜之胜，非我一人之力。天时、地利、人和，皆在我侧。房玄龄、杜如晦、尉迟敬德、长孙无忌……诸君之忠，我心甚慰。若无他们，今日之局，恐难善终。

然，心中仍有不安。建成、元吉虽死，然天下人将如何看我？弑兄杀弟，夺位篡权，史书之上，我李世民之名，恐难逃此劫。然，我之所为，非为私欲，实为天下苍生。若建成继位，天下或将陷入内乱，百姓流离失所。我之登基，乃为天下安定，万民安康。

今夜，长安城内外，风声鹤唳，人心惶惶。我虽已掌控大局，然前路漫漫，责任重大。天下初定，百废待兴，我需以仁德治国，以宽厚待人，方能平息天下之疑，安抚万民之心。

"水能载舟，亦能覆舟。"此言不虚。我李世民，今日虽登高位，然若不能以民为本，终将失去天下。从今而后，我当以史为鉴，勤政爱民，开创盛世，方不负今日之抉择。

夜深人静，思绪万千。明日，我将面对新的朝堂，新的天下。

> 愿天佑大唐，愿我李世民，能为天下带来太平盛世。

这段文字只是 DeepSeek 文本处理能力的一个缩影。DeepSeek 处理现实中的文本难题也是好手，比如工作汇报、论文写作、计划书等。

除了生成文本，DeepSeek 也擅长只能对话交互和语言翻译。

对话交互是如今许多 AI 的标配，DeepSeek 同样能够实现自然流畅的人机对话，不管是闲聊还是咨询 DeepSeek 都能轻松胜任。

语言翻译方面，DeepSeek 可支持多种语言间的文本翻译，助力跨国交流、国际商务合作以及学术交流等场景。能精准理解源语言含义，并以自然的目标语言表达方式呈现翻译结果，无论是商务合同、学术文献还是日常对话内容，都能实现高质量翻译。

2. 高效处理数据

人类大脑在处理超量数据时往往会过载，但 DeepSeek 等 AI 却可以轻松应对天文级的数据。就好比在一个超级大的图书馆里，瞬间就能找到你需要的那本书。

比如说在商业领域，一家平台每天都会产生数以万计，甚至百万计的交易数据、用户浏览数据等。DeepSeek 可以快速将这些数据收集起来，通过它内置的智能算法，短时间内完成分析。它能精准地分析用户的购买偏好，像用户更倾向于购买什么类型的商品，是时尚服装、电子产品，还是家居用品等。根据分析结果，电商平台就能有针对性地调整商品推荐策略，把用户可能感兴趣的商品优先展示出来，从而提高商品的销售量。

3. 分析图像与视频

DeepSeek 可识别图像中的人物、物体、异常行为等，也可以自动分析视频内容，提取关键信息，如视频主题、场景变化、人物角色等，方便进行视频分类、标签添加，提升视频管理效率和推荐准确性。

比如在自媒体领域，一个人从海量视频中寻找同类素材简直是天方夜谭，有了DeepSeek的辅助，动一动手指它便能帮我们自动归类。

1.3 为什么选择DeepSeek？

自2023年起，AI技术发展进入加速期，市面上各类AI层出不穷。国外有ChatGPT、Google Bard、DALL-E 2、Midjourney等成熟模型，国内也有豆包、Kimi、文心一言等各具特色的后起之秀。这么多模型，我们为什么选择DeepSeek呢？

其中最主要的原因当然是DeepSeek强大的推理能力。事实上，DeepSeek的推理能力是它脱颖而出的关键。

前文提到，DeepSeek在数学、代码、自然语言推理等任务上表现优异，其性能比肩OpenAI的o1模型正式版。例如，它能处理复杂的数学问题和编程任务，为用户提供精准的推理结果，而且DeepSeek在推理过程中提供透明的步骤，逐步展示推理过程，便于用户理解、审计和调试。这不仅增强了用户对模型的信任，还提高了后期维护的效率。

另外，DeepSeek在多语言处理方面表现也很出色，尤其在实时翻译、内容审核等场景中具有优势，能够满足不同语言环境下的多样化需求。

除此之外，中国用户选择DeepSeek的另一个重要原因便是它与中国文化的高度适配。

简单来说，DeepSeek作为一款国产AI模型，其设计和技术架构深度融入了中国文化语境、社会价值观和日常交流习惯，解决了国际通用模型在中文场景下常见的"文化失焦"问题。

DeepSeek 的训练数据包含大量经典文学作品如《红楼梦》《论语》和现代文化载体如金庸武侠小说、春晚小品台词，能准确理解"塞翁失马，焉知非福""破防了""内卷"等表达的隐喻含义。例如，当用户说"这事真是按下葫芦浮起瓢"，模型能识别出"问题反复出现"的核心诉求，而非字面意思。

而且 DeepSeek 也吸纳了大量中文网络流行语和国内亚文化，比如，针对"躺平""栓Q""绝绝子"等快速迭代的网络用语，DeepSeek 通过实时爬取微博、B 站、小红书等平台数据更新词库，所以，当国外模型将"yyds"误译为"永远单身"时，DeepSeek 却能给出准确的翻译。

更难得的是，DeepSeek 支持粤语、四川话、东北话等主要方言的语义理解，并能识别地域性文化符号，如"福建人的茶叶社交""东北的澡堂文化"等场景中的特殊表达。

DeepSeek 的这种文化适配性，使得它在中国用户中拥有更高的接受度和亲和力。无论是正式场合的严谨表达，还是日常生活中的轻松调侃，DeepSeek 都能游刃有余地应对，为用户带来更加自然、流畅的交互体验。

此外，DeepSeek 还非常注重用户隐私和数据安全。在当今这个数据泄露事件频发的时代，DeepSeek 采取了严格的数据加密和隐私保护措施，确保用户的信息不会被泄露或滥用。这种对用户隐私的尊重和保护，也是 DeepSeek 赢得用户信任的重要因素之一。

综上所述，DeepSeek 凭借其强大的推理能力、多语言处理优势、与中国文化的高度适配性以及对用户隐私的严格保护，在众多 AI 模型中脱颖而出，成为众多用户的首选。无论是对于个人用户还是企业客户来说，DeepSeek 都是一个值得信赖的助手，能够帮助他们更高效地完成各种任务，提升工作效率和生活品质。

第二章　两分钟快速上手DeepSeek

在数字化浪潮席卷的当下，人工智能已深度融入生活的各个角落，DeepSeek作为AI领域的新锐力量，正以迅猛之势吸引着全球的目光。对于广大用户而言，掌握这一智能工具的使用方法，无疑能为我们的生活与工作带来前所未有的便利与高效。本章将详细展示DeepSeek的注册登录方式、鲜为人知的界面隐藏功能以及三种各具特色的使用模式，助力读者迅速上手，畅享智能生活新体验。

2.1　防坑指南之注册与登录

目前，普通用户访问和使用DeepSeek都是免费的，但是，DeepSeek推出后网络信息铺天盖地，一些广告打出DeepSeek的旗号引导用户点击，有的甚至挂羊头卖狗肉，这些信息对部分用户来说难以甄别，需要大家擦亮眼睛。

与大部分APP一样，DeepSeek主要有网页端和移动端两种使用方式。

1. 网页端操作

使用浏览器，搜索"DeepSeek官网"，并认准官方认证标识。这种方法可以较快找到网页端入口，缺点是部分搜索引擎广告过多，容易迷

第一部分　初识DeepSeek——你的AI超能助手

惑用户。

图2-1

这种方法可以较快找到网页端入口，缺点是部分搜索引擎广告过多，容易迷惑用户。比如部分商家将DeepSeek本地部署推广到搜索结果中，如果不了解IT术语，用户可能会下载本地部署工具，而非DeepSeek。如图2-2所示。

图2-2

更稳妥的做法是直接输入网址，www.deepseek.com，这样便能直接打开DeepSeek官网。

图2-3

新用户点击"开始对话"便能进入 DeepSeek 注册流程,手机号或者微信号都可直接注册。

2. 移动端操作

iOS 和安卓用户可以在应用商店搜索"DeepSeek",下载安装最新版本,然后按照流程注册即可正常使用。

图2-4

除了这两种常规的使用方式,我们也可以经由第三方平台使用DeepSeek,如腾讯元宝、微信小程序、知乎直答、火山引擎等,且数量还在持续增加,用户也可在这些平台使用DeepSeek。

此外,DeepSeek还有开发者API注册和本地部署两种安装方式,针对的是需求更高的用户,其安装使用方法和作用我们将在后文详解。

2.2　90%的人不知道的界面隐藏功能

DeepSeek在网页端或移动端都可使用,二者没有什么本质区别。DeepSeek的界面设计虽然简洁,但通过特定操作可解锁多项隐藏功能,这些功能显著提升了用户体验和工作效率。

2.2.1　移动端界面隐藏功能

DeepSeek移动端以手机为主要载体,打开手机上的DeepSeek应用只有一个对话框和寥寥几句话,对普通用户来说不难理解但手机APP上也有两处隐藏的功能。

第一处在对话框下方,发送键按钮的左边有一个黑色的"＋"标识,点击标识会从下方弹出三个小方框,分别是"拍照识文字""图片识文字""文件",如图2-5所示。

对职场办公来说,这三项功能都很常用,特别是文件上传功能。值得注意的是,上传文件时DeepSeek会要求关闭联网搜索,这显然是一种保护隐私的手段。

在DeepSeek对话框左上角还有一个扩展标志,点击之后会出现历史对

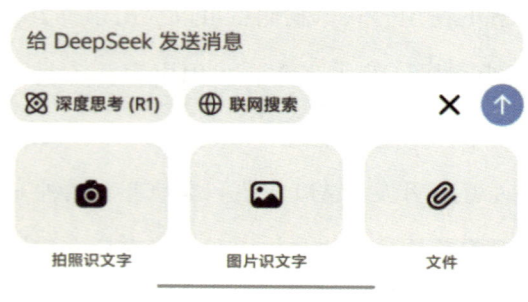

图2-5

话。新手在使用DeepSeek后如果想要找回交互记录便可以点击这里，如图2-6所示。

图2-6

2.2.2 网页端界面隐藏功能

DeepSeek 网页端的界面与移动端一样简略，但其隐藏的功能比移动端要多。其中尤为重要的是官方挂出的提示库和实用集成。

打开 DeepSeek 官网后，点击 LOGO 上的灰色文字便可进入 DeepSeek 隐藏界面（如图 2-7），在下拉列表中可以找到"提示库"。

图 2-7

DeepSeek 官方提示库一共给出了 12 种不同场景的提示词范例和代码，如代码生成、内容分类、诗歌创作等，如果你的需求不在其中，DeepSeek 还特地准备了模型提示词生成，教你如何准备提示词。如图 2-8、图 2-9。

对初学者来说，DeepSeek 官方列出的这些应用场景下的提示词模板可以作为基础参考，用它来熟悉 DeepSeek 的交互和推理功能也是再适合不过。

提示词库之外，DeepSeek 隐藏界面的下拉列表中还有"实用集成"一项，详细列举了 DeepSeek 可接入的各种应用和插件，如图 2-10 所示。

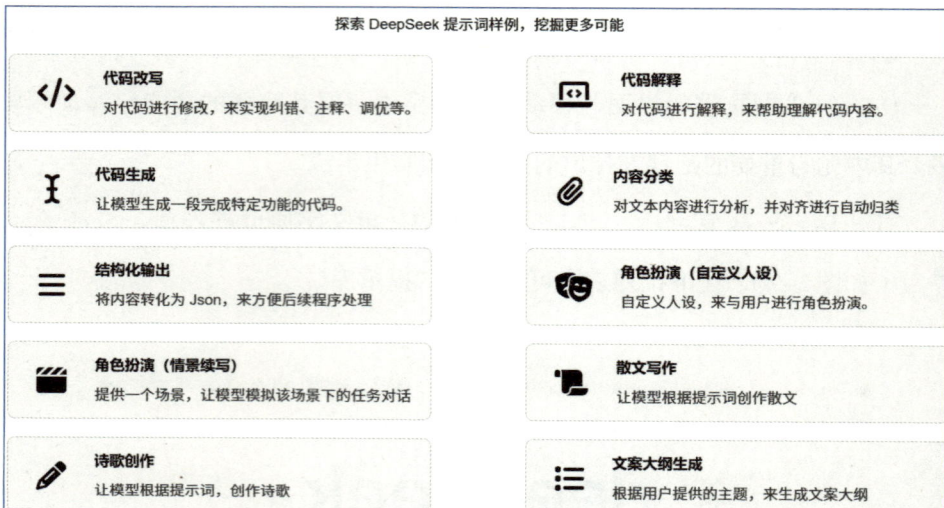

图 2-8

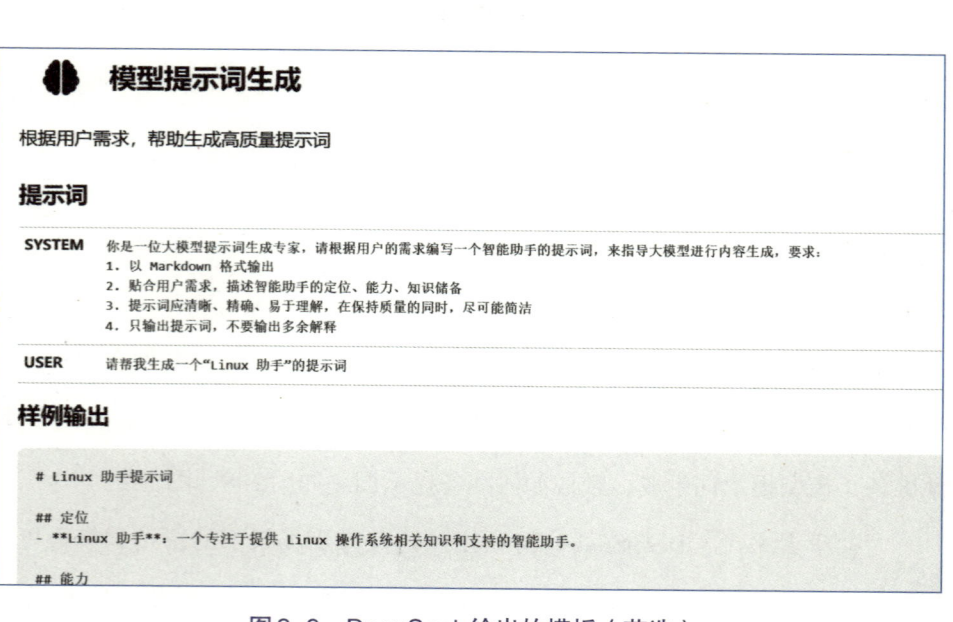

图 2-9　DeepSeek 给出的模板（节选）

AingDesk	一键把AI模型部署在你电脑，操作可视化，内置精美聊天界面，可在线分享他人共用，支持DeepSeek等其他模型，支持联网搜索和第三方API
钉钉	钉钉 AI 助理，它融合了钉钉平台的多项 AI 产品功能，以智能化的方式辅助企业日常的工作流程。钉钉AI助理具备多种智能能力，包括但不限于智能沟通、智能协同、智能管理等。通过这些功能，AI助理能够在企业内部中归纳要点、生成会议纪要，并且能够为用户推送相关工作任务和日程提醒。此外，钉钉 AI 助理还能够通过知识库的能力智能地回答员工企业的行政流程、人力资源政策等多个方面的常见问题。
CodingSee-AI伴学	CodingSee是一款专为中国少儿编程设计的软件，内容包含社区、项目协作、站内实时消息、AI问答、Scratch/Python/C++编译环境、代码精准纠错的集成平台，UI设计友好，目前支持Windows和mac系统。
ChatDOC	ChatDOC是一款AI文档阅读工具，具备强大的溯源功能，确保每一条信息的来源清晰可查，助您高效、精准地掌握文档核心。
SwiftChat	SwiftChat 是一款使用 React Native 构建的闪电般快速的跨平台 AI 聊天应用。它在 Android、iOS、iPad、Android 平板电脑和 macOS 上提供原生性能。功能包括实时流式聊天、丰富的 Markdown 支持（表格、代码块、LaTeX）、AI 图像生成、可自定义系统提示词和多模态能力。支持包括DeepSeek、Amazon Bedrock、Ollama 和 OpenAI 在内的多个 AI 提供商。并具有简洁的用户界面和高性能表现。
4EVERChat	4EVERChat 是集成数百款LLM的智能模型选型平台，支持直接对比不同模型的实时响应差异，基于4EVERLAND AI RPC 统一API端点实现零成本模型切换，自动选择响应快、成本低的模型组合。

图 2-10　DeepSeek可接入的各类软件集成（节选）

2.3　DeepSeek三种模式全知道

DeepSeek可提供三种模式以供用户使用，打开网页端或移动端，在输入栏下方我们可以看到两个按钮，一个是"深度思考R1"，另一个是"联网搜索"。如果没有选中这两处按钮，DeepSeek就会以基础模型V3运行。

很多新手在使用DeepSeek时，往往不知道这三种模式的区别，有的干脆不选，有的干脆全选，胡乱选择模式可能会导致效率降低、答案质量下降、资源浪费和用户体验变差。因此，了解每种模式的特点和适用场景，并根据具体需求选择合适的模式，是获得最佳服务体验的关键。

2.3.1　基础模型DeepSeek-V3

V3是DeepSeek的基础模型，适用于广泛的通用任务。V3模式是DeepSeek

的标配，就像一个知识渊博的百科全书，能快速回答各种日常问题，无论是常识、历史、科学等，它都能迅速给出简洁明了的答案。

功能：自然语言处理：能够理解和生成自然语言文本，适用于对话、问答、文本生成等任务。多轮对话：支持复杂的多轮对话，能够记住上下文并提供连贯的回复。适用于日常问答、信息查询、简单推理等任务，比如翻译、基础计算、知识解释等。当用户需要快速获取信息，且问题相对简单、不需要深度分析时，V3模式是不错的选择。

案例场景：比如一个学生在学习时，突然想知道"光合作用是什么"，就可以用V3模式快速查询，它会直接给出光合作用的定义、过程等基础知识，帮助学生快速理解这个概念。如图2-11所示。

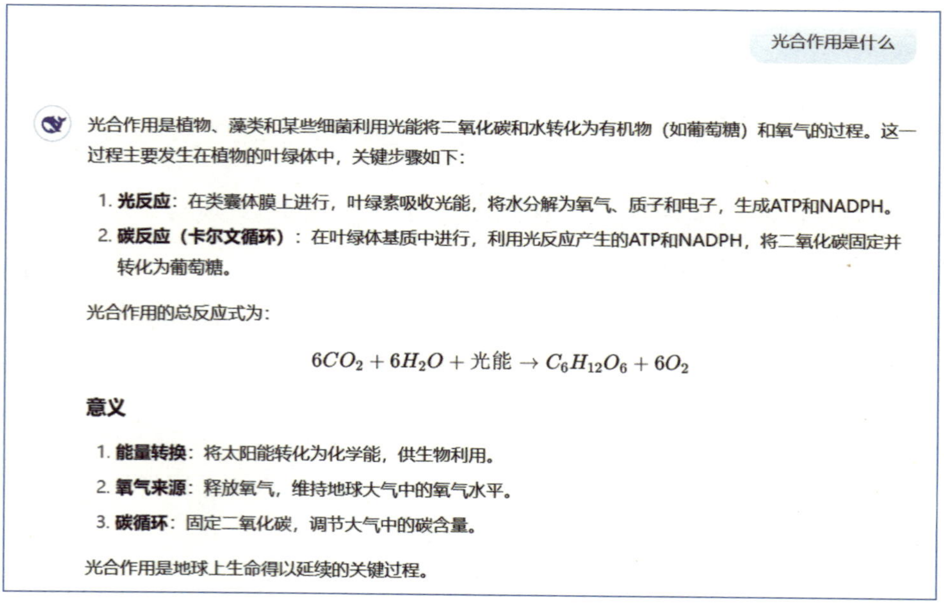

> 光合作用是什么
>
> 光合作用是植物、藻类和某些细菌利用光能将二氧化碳和水转化为有机物（如葡萄糖）和氧气的过程。这一过程主要发生在植物的叶绿体中，关键步骤如下：
>
> 1. **光反应**：在类囊体膜上进行，叶绿素吸收光能，将水分解为氧气、质子和电子，生成ATP和NADPH。
> 2. **碳反应（卡尔文循环）**：在叶绿体基质中进行，利用光反应产生的ATP和NADPH，将二氧化碳固定并转化为葡萄糖。
>
> 光合作用的总反应式为：
>
> $$6CO_2 + 6H_2O + 光能 \rightarrow C_6H_{12}O_6 + 6O_2$$
>
> **意义**
>
> 1. **能量转换**：将太阳能转化为化学能，供生物利用。
> 2. **氧气来源**：释放氧气，维持地球大气中的氧气水平。
> 3. **碳循环**：固定二氧化碳，调节大气中的碳含量。
>
> 光合作用是地球上生命得以延续的关键过程。

图2-11

2.3.2 深度思考R1

R1模式就像是一个逻辑推理专家,擅长处理复杂的逻辑推理和深度思考问题。它会把复杂的问题拆解成一个个小步骤,然后一步步引导你找到答案。

功能:适合处理需要复杂推理和深度分析的任务,比如数学证明、代码调试、策略规划等。当用户遇到需要多角度分析、详细推理的问题时,R1模式能够提供更深入、更专业的解答。

案例场景:老师教学时,当遇到"证明勾股定理""求解复杂的方程组"等问题时,R1模式能够通过逐步推理和计算给出详细的证明过程或解题步骤。(如图2-12、图2-13。)又或者医生在诊断一位复杂病症的患者时,遇到了困难。患者有咳嗽、发烧、胸痛等症状,初步检查发现肺部有阴影,但不确定是肺炎、肺结核还是肺癌,就可以使用R1模式,向DeepSeek描述患者的症状和检查结果,它会引导医生逐步分析患者的病史、生活习惯、家族病史等信息,排除不合理的可能性,并建议进一步地检查,如痰液培养、结核菌素试验或CT扫描等,帮助医生更准确地诊断病因并制定治疗方案。

2.3.3 联网搜索

联网搜索模式就像是一个实时信息的雷达系统,能够访问互联网获取最新的数据和信息。它可以让DeepSeek不仅依赖自己的知识库,还能根据网络上的最新内容来回答问题。

功能:适用于需要实时信息的场景,比如查询最新的新闻资讯、股市行情、政策变化等。当用户需要获取最新的动态信息,或者验证某个信息的准确性时,联网搜索模式就派上用场了。

证明勾股定理

已深度思考（用时 58 秒）

嗯，用户让我证明勾股定理，对吧？首先，我得想想勾股定理是什么。勾股定理就是说在直角三角形里，斜边的平方等于两条直角边的平方和，也就是$a^2 + b^2 = c^2$，其中c是斜边，a和b是直角边。这个定理的证明方法有很多种，可能有几百种不同的证明方式呢。不过用户可能想要一个经典且容易理解的证明方法。

我应该选择哪种证明方式呢？比较常见的是欧几里得的几何证明，或者是利用相似三角形，或者是代数的方法，比如面积相减法。还有中国的赵爽弦图，或者印度的一些方法。考虑到用户可能没有太深的几何背景，或许用面积的方法会更直观一些。

比如，可以画一个大的正方形，里面包含四个相同的直角三角形，然后通过面积的不同计算方式来得出$a^2 + b^2 = c^2$。这种方法比较直观，不需要太多复杂的几何知识，只需要面积的计算和代数运算。

具体来说，可以这样想：四个全等的直角三角形，每个的直角边是a和b，斜边是c。把它们拼成一个大的正方形，这样它们的斜边会形成内部的一个小正方形。然后整个大正方形的面积可以有两种计算方式，一种是边长为a+b，所以面积是$(a+b)^2$。另一种是四个三角形的面积加上中间的小正方形的面积。每个三角形的面积是(1/2)ab，四个就是2ab，中间的小正方形边长是c，面积是c^2。所以总面积也可以表示为$2ab + c^2$。然后等式两边相等，就$(a+b)^2 = 2ab + c^2$，展开左边得到$a^2 + 2ab + b^2 = 2ab + c^2$，两边减去2ab就得到$a^2 + b^2 = c^2$。这应该是一个有效的证明方法。

图2-12　DeepSeek反馈（节选）

证明过程：

1. 构造图形

取四个全等的直角三角形，其直角边分别为 a 和 b，斜边为 c。将它们按下图所示拼成一个边长为 $a + b$ 的大正方形，中间形成一个边长为 c 的小正方形。

2. 计算大正方形的面积

大正方形的边长为 $a + b$，因此面积为：
$$(a+b)^2 = a^2 + 2ab + b^2.$$

图2-13　DeepSeek反馈（节选）

案例场景：如果用户想了解"今天的股票市场行情"（如图2-14）"某场体育赛事的最新比分""最新的科技研究成果"等信息时，联网搜索模式能够及时从网络上获取到最新的数据并反馈给用户。在进行市场调研时，需要收集最新的行业报告、竞争对手的动态等信息，联网搜索模式可以快速检索到相关的网络资源，为调研提供有力支持。

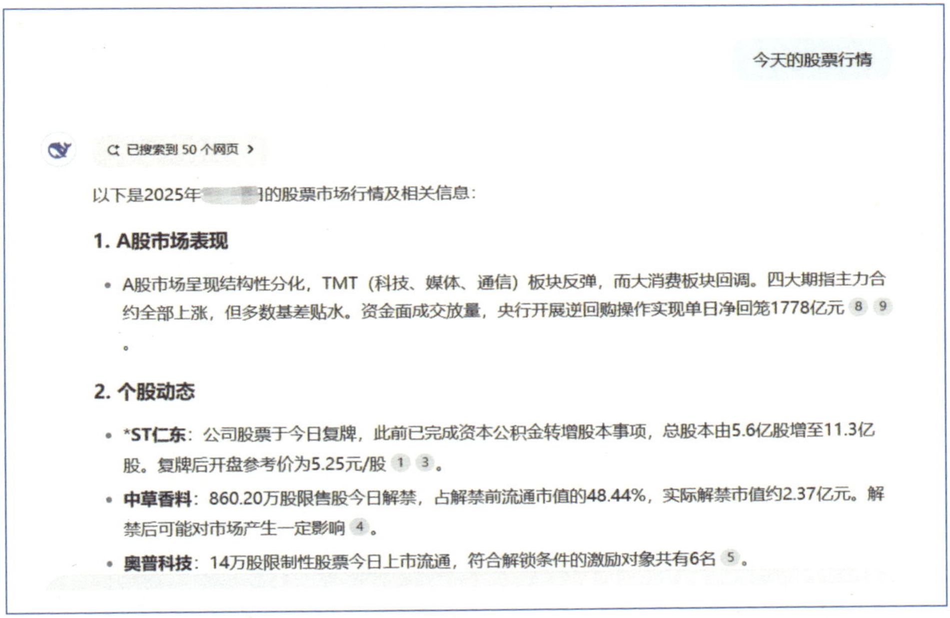

图2-14　DeepSeek联网搜索结果（节选）

DeepSeek 的三种模式各有所长。使用时，我们需依据具体需求合理选择。日常简单咨询与基础创作，基础模式（V3）便能高效应对；专业复杂问题求解，深度思考模式（R1）是最佳利器；而追踪最新资讯与获取实时信息，联网搜索模式则能大显身手。只有精准匹配需求与模式，才能让 DeepSeek 充分发挥其强大功能，为我们的学习、工作和生活提供最优质、高效的支持。

课后练习

搜索查看DeepSeek相关信息及其产出成果，下载安装并使用DeepSeek，并尝试问DeepSeek几个你想知道的问题。

第二部分

新手入门：如何高效使用 DeepSeek

第二部分　新手入门：如何高效使用 DeepSeek

第三章　让 DeepSeek 秒懂你的潜台词

在使用 DeepSeek 时，巧妙运用提示词和拆解复杂问题技巧能极大提升效率。提示词能精准引导 DeepSeek 理解意图，提供贴合需求结果；拆解复杂问题则把棘手难题分解为易处理部分，让 DeepSeek 逐步攻克。二者配合，用户就可以轻松获得高质量的答案。

3.1　五种万能提问句式

在与 DeepSeek 交流时，掌握正确的提问方式至关重要。一个好的提问能够引导 AI 给出更精准、更有用的回答，让你在学习、工作和生活中更高效地获取信息和解决问题。以下是 5 个实用的万能提问模板，帮助你轻松驾驭 AI。

3.1.1　明确任务型

明确任务型提问模式是直接向 AI 下达清晰的任务指令，明确告诉 DeepSeek "你需要做什么"。通过使用"请你……""你的任务是……"等句式，可以让 AI 快速理解问题的核心需求，从而提供针对性的答案。这种方式适用于需要具体解决方案的场景，例如规划行程、设计文案或生成代码等。

明确任务型提问的关键在于简洁明了地表达需求，避免模糊不清的表述，从而让AI更高效地完成任务。

句式："请你……""你的任务是……"

介绍：这种提问方式直接给AI下达指令，明确其任务内容，适用于各种需要具体解决方案的场景，能让AI迅速进入工作状态，按照你的要求提供针对性的回答。

案例：假如你要准备一份详细的项目策划案，但不知从何入手，就可以问："请你帮我设计一份新菜品发布会的策划方案，包括活动流程、宣传策略、预算分配等详细内容。"这样，AI就知道你要它做策划案，且明确了方案应包含的具体板块，会针对性地给出一份完整的策划思路。如3-1所示。

> **"味觉新纪元·舌尖盛宴"**
> 以创新菜品为核心，结合品牌文化，打造沉浸式美食体验，传递品牌升级理念。
>
> **二、活动目标**
> 1. **品牌曝光**：吸引媒体、美食博主、潜在客户关注，提升品牌知名度。
> 2. **新品推广**：通过试吃与互动，建立消费者对新菜品的认知与好感。
> 3. **促进转化**：发布会后引导顾客到店消费，提升短期营业额。
>
> **三、活动流程设计**
> 时间：周六晚18:00-21:00（黄金时段，便于媒体及嘉宾参与）
> 地点：饭店宴会厅/户外花园（根据预算选择）
>
> | 时间段 | 环节内容 |

图3-1　DeepSeek反馈（节选）

总结：明确任务型提问能快速聚焦问题核心，让 AI 按你的指令输出特定内容，节省沟通成本。

3.1.2　提供背景型

这种提问模式通过提供问题的背景信息，帮助 DeepSeek 更好地理解问题的上下文和情境。使用"如果……""假设……"等句式，可以让 DeepSeek 在回答时结合具体背景进行分析，从而提供更贴合实际的答案。这种模式常用于需要预测性或假设性分析的场景，例如市场趋势分析、项目可行性研究等。通过提供背景，DeepSeek 能够更精准地把握问题的核心，避免给出过于笼统或不切实际的回答。

句式："如果……""假设……"

介绍：在提出问题时先给出一定的背景信息，帮助 AI 更好地理解问题所处的情境，从而提供更贴合实际的回答。这种方式常用于涉及假设性、预测性的问题，能让回答更具参考价值。

案例：如果你在思考某个创业项目的可行性，但不确定市场环境对项目的影响，可以问："如果我计划开一家主打健康轻食的餐厅，当前市场环境下有哪些机遇和挑战？"这句话先说明了创业背景，DeepSeek 就能结合市场趋势、消费者需求变化等因素，分析出该项目面临的实际情况，为你决策提供有力依据。如图 3-2 所示。

总结：提供背景型提问为 DeepSeek 搭建了问题情境框架，使其回答更契合实际场景，增强实用性。

> **健康轻食餐厅市场机遇与挑战分析**
>
> **一、主要机遇**
>
> 1. **健康饮食需求持续增长**
>   - 消费者对低热量、低脂肪、高营养食品的需求显著提升,尤其是年轻群体(18-35岁)成为消费主力,他们更注重饮食的便捷性与健康属性 ① ② ④。
>   - 健康意识推动植物基食品、无添加产品和有机食材的流行,轻食餐厅可借此创新菜单,例如推出低糖高纤维餐品或功能性食品(如抗氧化剂饮品)③ ⑧ ⑨。
>
> 2. **市场规模快速扩张**
>   - 中国轻食餐厅行业预计到2025年市场规模将突破2000亿元,年复合增长率达15% ④ ⑧。
>   - 细分市场潜力大,如中式轻食、低卡便当、健身餐等差异化产品线可吸引特定人群 ④ ⑨。
>
> 3. **技术与渠道创新支持**
>   - **智能化运营**:无人餐厅、智能点餐系统及中央厨房可降低人力成本,提升效率,例如通过AI推荐个性化菜品 ⑧ ⑨。
>   - **线上渠道拓展**:外卖和云厨房模式成为新常态,轻食品牌可通过优化配送服务和线上营销(如社交媒体推广)触达更广人群 ⑧ ⑨。
>
> 4. **政策与环保趋势利好**
>   - 政府鼓励绿色消费和健康餐饮,如《国民营养计划》等政策支持行业规范化发展 ④ ⑨。

图 3-2　DeepSeek 反馈(节选)

3.1.3　给出示例型

这种提问模式通过举例的方式,明确告诉 DeepSeek 你希望得到的回答方向或风格。使用"例如……""比如……"等句式,可以让它更清楚地了解你的需求,从而提供更具针对性和实用性的答案。这种方式适用于需要具体建议或解决方案的场景,例如询问工作技巧、学习方法等。通过给出示例,AI能够快速聚焦问题的关键点,避免回答过于宽泛或理论化,从而提供更符合实际需求的内容。

句式:"例如……""比如……"

介绍:通过举例让AI明白你希望得到的回答风格或内容方向,尤其在想要获取具体、实用建议时效果显著，能让回答更具操作性，避免过于笼统或理论化。

案例：当你想提升团队协作效率，但想要一些切实可行的方法，可以问："我想提升团队协作效率，比如在任务分配、沟通交流等方面有哪些实用技巧？"这里举例说明了想要改进的具体环节，AI就会针对性地给出如使用项目管理工具、定期召开沟通会议等具体方法，方便直接应用到工作中。如图3-3所示。

总结：给出示例型提问为DeepSeek指明了回答的具体方向，使其提供的建议更具实践性。

提升团队协作效率的实用技巧

一、任务分配优化技巧

1. **明确目标与责任**
   - **SMART原则**：确保每个任务目标具体（Specific）、可衡量（Measurable）、可实现（Achievable）、相关（Relevant）且有时限（Time-bound）。
     例如：将"优化网站"改为"3周内将网站首页加载速度从5秒提升至2秒，由前端团队负责"。
   - **RACI矩阵**：明确每个任务的负责人（Responsible）、批准人（Accountable）、咨询人（Consulted）和知情人（Informed），避免责任模糊。
     案例：开发新功能时，产品经理是批准人（A），开发人员是执行人（R），测试团队需被咨询（C），市场团队需知情（I）。

2. **任务分解与优先级管理**
   - **WBS（工作分解结构）**：将大项目拆解为可执行的小任务，如"开发APP"拆解为"需求文档-原型设计-前端开发-测试-上线"。
   - **艾森豪威尔矩阵**：按紧急性和重要性划分任务优先级（紧急重要、重要不紧急等），避免团队陷入琐事。

3. **动态调整与资源匹配**

图3-3 DeepSeek反馈（节选）

3.1.4 限定格式型

这种提问模式通过明确指定 DeepSeek 回答的格式，让信息呈现更加清晰、有条理。使用"请以……格式回复""用……方式呈现"等句式，可以让 DeepSeek 按照你的要求输出信息，例如表格、清单、图表等。这种方式适用于需要对数据或信息进行整理、对比或归纳的场景，例如数据分析、报告撰写等。通过限定格式，AI 的回答更具可读性和易用性，便于你后续处理和分析。

句式："请以……格式回复""用……方式呈现"

介绍：明确规定了 AI 回答的形式，如表格、清单、图表等，便于对信息进行整理和后续使用。尤其在需要对数据或多项内容进行对比、归纳时十分实用，能让信息呈现更清晰直观。

案例：在分析不同城市的生活成本时，你可以要求："请以表格形式列出北京、上海、广州、深圳四个城市的房价、物价、交通费用等生活成本数据。"这样，DeepSeek 就会按照你要求的表格格式，将各城市对应的生活成本数据清晰呈现，方便你快速对比和了解差异。如图 3-4 所示。

总结：限定格式型提问让信息以特定形式展现，提升信息可读性和易用性，便于深入分析。

3.1.5 总结归纳型

这种提问模式是要求 DeepSeek 对大量信息进行提炼和总结，快速提取核心要点。使用"请总结……""请概括……"等句式，可以让 DeepSeek 在回答时抓住关键内容，避免冗长和复杂的表述。这种方式适用于需要快速了解信息重点的场景，例如阅读长篇文章、分析复杂数据等。通过总结归纳，AI 能

四城市生活成本数据对比

请以表格形式列出北京、上海、广州、深圳四个城市的房价、物价、交通费用等生活成本数据。

以下是北京、上海、广州、深圳四个城市的房价、物价、交通费用等生活成本的简要对比表格。数据基于2023年的市场情况,仅供参考,实际数据可能会有所波动。

城市	平均房价(元/平方米)	物价指数(以北京为基准)	公共交通费用(单程票价)	出租车起步价(元)	餐饮(普通餐厅人均消费,元)
北京	60,000 - 100,000	100	3 - 10	13	50 - 100
上海	70,000 - 120,000	105	3 - 10	14	60 - 120
广州	40,000 - 80,000	95	2 - 8	12	40 - 80
深圳	80,000 - 150,000	110	2 - 10	10	50 - 100

图3-4　DeepSeek反馈(节选)

够帮助你高效地获取关键信息,节省时间和精力,提升信息处理效率。

句式:"请总结……""请概括……"

介绍:当你面对大量信息,需要快速提炼核心要点时,这种提问方式能促使AI对内容进行高度概括,抓住关键内容,节省你筛选信息的时间和精力。

案例:在阅读一篇关于人工智能未来发展趋势的长篇报告后,你可以问:"请总结一下人工智能在未来医疗、教育、交通三个领域的发展趋势。"这句话明确了要总结的内容范围,DeepSeek就能从报告中提取出对应领域的关键趋势,让你迅速掌握重点信息。如图3-5所示

> **人工智能未来在医疗教育交通的发展趋势**
>
> **一、医疗领域**
>
> 1. **AI作为医生助手，提升诊疗效率与精准度**
>   - AI在医疗领域的核心定位是辅助而非替代医生，通过动态会诊机制、电子病历纠错、用药禁忌提醒等功能，帮助医生优化决策流程。例如，科大讯飞开发的AI系统已能诊断1600多种疾病，并支持院后随访服务 ①。
>   - 大模型技术通过整合海量病例数据和医学文献，显著提高罕见病诊断和癌症筛查的准确性。如北京协和医院构建的诊疗推理引擎和虚拟标准化病人系统，已在临床决策支持中发挥作用 ② ⑥。
> 2. **加速药物研发与个性化治疗**
>   - AI通过分析基因组数据和预测蛋白质结构，缩短药物研发周期。例如，DeepCure公司利用AI将药物发现效率提升，目前全球每年仅开发约20种新药，但AI有望挖掘8000多种潜在治疗靶点 ④ ⑥。
>   - 结合患者个体差异的个性化治疗方案成为趋势，AI可根据患者数据生成定制化诊疗建议 ⑦ ⑧。
> 3. **基层医疗能力提升与伦理规范完善**
>   - AI技术赋能基层医生，将诊疗水平从"60分"提升至"90分"，并通过远程会诊和慢病管理覆盖更多患者 ① ②。
>   - 高敏感领域（如医疗）需加快制定AI法案，明确数据安全、伦理风险及权威评测标准，避免算法偏见和隐私泄露 ① ⑧。

图3-5 DeepSeek反馈（节选）

总结：归纳型提问帮助快速提炼信息精华，提升信息获取效率，适用于处理繁杂内容。

总之，这5种万能提问模板涵盖了与DeepSeek交流的多种场景，无论是明确任务、提供背景、给出示例、限定格式还是总结归纳，都能让AI更精准地理解你的需求，给出高质量的回答。熟练掌握这些提问方式，你将能更高效地利用DeepSeek这个强大的工具，在学习、工作和生活中如虎添翼。

3.2 追问话术：如何让AI主动掏干货

在用DeepSeek探索知识和解决问题的过程中，提问的方式往往决定了我们能走多远。而追问，作为一种深入挖掘问题本质的技巧，更是能够帮助我们突破思维的边界，找到真正的答案。如果我们能够掌握追问的技巧，深入挖掘其背后的逻辑、关联和细节，那么AI就不再是一个简单的回答机器，而是升级为我们的"无限知识库"。

下面我们就来介绍使用DeepSeek时的四种追问技巧。

3.2.1 逆向思维追问法

逆向思维追问法是从与原问题相反的角度进行追问，通过思考与原问题相反的情况，来获得新的思路和解决方案。它适用于需要创新解决方案、突破常规思维的问题，或者当从正面思考难以找到答案时。

正向问题：如何提高一款新上市APP的用户留存率？

逆向追问：如果要降低用户留存率，可以采取哪些措施？通过思考降低留存率的方法，如减少用户互动、增加操作复杂度等，反过来可以找到提高留存率的相反策略，如增加用户互动环节、简化操作流程等。我们还会发现，使用逆向提问得到的答案与正向提问并不完全一致，其差异部分又可用来作参考，如表3-1所示。

表 3-1

如何提高一款新上市 APP 的用户留存率？（V3 模型）	如果要降低一款 APP 的用户留存率，可以采取哪些措施？（V3 模型）
DeepSeek 回答： 1. 优化用户体验 2. 提供新手引导 3. 个性化体验 4. 推送通知与提醒 5. 激励机制 6. 定期更新与优化 7. 社区与社交互动 8. 用户反馈与支持 9. 数据分析与优化 10. 跨平台整合	DeepSeek 回答： 1. 降低用户体验 2. 减少功能价值 3. 提高使用成本 4. 降低稳定性 5. 减少用户互动 6. 忽视用户反馈 7. 降低安全性 8. 减少更新频率 9. 增加使用限制 10. 降低品牌信任

3.2.2 逻辑推理追问法

逻辑推理追问法是基于已有的信息和逻辑关系，通过追问来进一步挖掘问题的深层次原因、影响或解决方案。它适用于需要深入分析问题本质、进行复杂决策或需要系统性思考的问题。

初始问题：某品牌的市场份额在过去一年中持续下降，可能的原因是什么？

逻辑推理追问：市场份额下降是否与竞争对手的策略有关？如果是，竞争对手具体采取了哪些策略？这些策略对消费者行为产生了怎样的影响？通过这种层层深入的追问，可以逐步剖析问题的根本原因。如表 3-2 所示。

表 3-2

初始问题：某品牌的市场份额在过去一年中持续下降，可能的原因是什么？（R1 模型）
某品牌市场份额持续下滑可能源于多重因素的叠加效应： 第一，行业竞争加剧导致竞品通过技术创新（如智能功能升级）、价格战或精准营销（如直播电商＋社交媒体投放）持续蚕食市场； 第二，消费者需求结构变化（如健康环保理念兴起、Z 世代审美迭代）未被及时捕捉，导致产品迭代滞后于市场趋势； 第三，渠道布局失衡，过度依赖传统线下渠道而未能有效渗透兴趣电商等新兴流量入口； 第四，供应链波动造成成本上涨或供货不稳定，削弱了终端价格竞争力； 第五，品牌形象受损（如质量丑闻、价值观争议）引发信任危机，叠加数字化时代舆情扩散速度加快的放大效应。 此外，经济周期波动带来的消费降级也可能加速用户流向高性价比替代品牌，需要结合用户画像数据、竞品动态和渠道转化率进行交叉诊断。
逻辑推理追问：市场份额下降是否与竞争对手的策略有关？如果是，竞争对手具体采取了哪些策略？这些策略对消费者行为产生了怎样的影响？（R1 模型）

> 市场份额下降往往与竞争对手的策略直接相关。竞争对手可能通过多维攻势抢占市场：
> 其一，技术创新与产品差异化，例如推出搭载 AI 技术的智能产品或环保材料升级，吸引注重功能与体验的前沿消费者；
> 其二，价格渗透与补贴战，以高性价比组合或限时折扣迅速占领价格敏感型用户；
> 其三，精准营销与场景化触达，通过社交媒体 KOL 种草、直播带货强化品牌认知，并利用大数据定向推送广告，引导消费者转向竞品；
> 其四，渠道重构，布局社区团购、即时零售等新兴渠道，缩短购买链路，迎合"即想即得"的消费习惯；
> 其五，会员体系与情感绑定，通过积分兑换、专属服务增强用户黏性。
> 这些策略直接改变消费者行为：技术迭代加速需求升级，削弱原品牌产品的吸引力；低价策略触发比价心理，导致用户流失；社交营销重塑购买决策路径，使传统品牌曝光度下降；便捷渠道则进一步分流线下客流。最终，竞品通过系统性策略组合，持续分流客群并重塑市场格局。

3.2.3 情感分析追问法

情感分析追问法是从情感和用户体验的角度出发，通过追问来了解用户对产品、服务或事件的感受和态度。它适用于需要了解用户情感反馈、优化用户体验、处理客户投诉等问题。

初始问题：用户对某款新手机的评价如何？

情感分析追问：用户在使用过程中是否感到满意？哪些功能让他们感到惊喜或失望？他们对手机的外观、性能、价格等方面的情感倾向是什么？通过这些追问，可以更全面地了解用户的情感体验。

3.2.4 案例分析追问法

案例分析追问法是通过具体案例来深入探讨问题，通过追问来获取更多与案例相关的细节和信息。它适用于需要通过具体实例来理解理论、验证假设、学习经验或解决问题的情况。

初始问题：如何提高团队的协作效率？

案例分析追问：在某个成功提高协作效率的团队中，他们采取了哪些具体措施？这些措施是如何实施的？实施过程中遇到了哪些困难，又是如何克服的？通过这些追问，可以深入了解成功案例的经验和教训。

通过本章介绍的四种追问方法——逆向思维追问法、逻辑推理追问法、情感分析追问法和案例分析追问法，我们能够从不同角度深入挖掘问题本质，拓展思维边界，找到创新且有效的解决方案。

这些方法在实际应用中各展其能：逆向思维追问法让我们跳出常规，从反方向洞察新路径；逻辑推理追问法助我们层层剖析复杂问题，把握关键脉络；情感分析追问法使我们关注用户体验，优化产品与服务；案例分析追问法则借助真实实例，提炼成功经验与失败教训。它们相辅相成，为我们构建起一套全面且系统的思考工具。

3.3 自定义 AI 的输出风格

在互联网上看到 DeepSeek 生产的各种的内容时，我们会发现，这些内容风格各异，有的严肃，有的诙谐，有的切中题意，有的却是泛泛而谈。

这便是 AI 输出风格的差异。DeepSeek 作为一款超强推理 AI，它的输出没有固定的语言或场景风格，我们可以将它当成一个擅长各种风格的多领域专家。因此，想让 DeepSeek 输出你中意的风格，那就必须在提示词上下功夫。通过精心设计的提示词，我们可以让 DeepSeek 理解我们的意图，按照我们的期望进行思考和回答。这种能力不仅提升了我们获取信息的效率，更让我们在解决问题、创作内容、学习新知等方面如虎添翼。

接下来，我们将深入探讨如何用提示词操控 DeepSeek 的输出风格，探索多种实用的方法，并通过具体案例来展示其强大的功能。

以下是几种用提示词操控 DeepSeek 输出风格的方法。

3.3.1 直接指定风格

在提示词中明确要求 DeepSeek 按照特定的风格进行输出，如指定语气、格式、结构等。

提示词：请以"说人话"的方式，用通俗易懂的语言解释区块链技术，并以段落形式呈现。

输出风格：DeepSeek 会用简单直白的语言，避免专业术语，以段落形式解释区块链技术，让非专业人士也能理解。

在 DeepSeek 中输入"什么是区块链技术"，它生成的回答晦涩难懂，显然不适合普通人理解，如图 3-6 所示。

> **1. 核心特点**
> - **去中心化：**
>   数据不依赖单一中心节点存储，而是分布在网络中的多个节点上，避免单点故障或被操控的风险。
> - **不可篡改：**
>   数据一旦写入区块链，几乎无法修改。每个区块通过密码学哈希与前序区块链接，篡改任一区块需改变后续所有区块，成本极高。
> - **透明可追溯：**
>   所有交易记录公开（部分隐私链除外），任何人都可验证链上数据的历史变更。
> - **共识机制：**
>   网络节点通过算法（如工作量证明PoW、权益证明PoS）达成数据一致性，无需信任第三方。

图 3-6　DeepSeek 反馈（节选）

但是，在回答上加入"说人话"三个字（也可以说其他内容，比如通俗一点、大白话），它生成的内容就很容易看懂了，如图 3-7 所示。

> **想象你和几个朋友一起记账：**
> - 你们有一个**公共账本**，记录谁欠谁钱。
> - 每次有人借钱/还钱，所有人都要在自己账本上记一笔，然后**互相核对**，确保所有人记的内容一致。
> - 如果有人偷偷改自己的账本，其他人会发现不一致，不承认他的版本。
>
> **这就是区块链的核心逻辑：**
> 1. **去中心化**：不靠银行或支付宝，大家互相监督记账。
> 2. **不可篡改**：一旦多数人确认了记录，想改就得说服一半以上的人一起改（几乎不可能）。
> 3. **透明可查**：每个人都能看到完整的交易历史。

图 3-7　DeepSeek 反馈（节选）

3.3.2　模仿特定风格

要求 DeepSeek 模仿某种特定的写作风格或语气，如模仿某位作家、某种文体等。

提示词：请模仿海明威的写作风格，写一段关于冒险的故事，要求简洁有力，充满张力。

输出风格：DeepSeek 会模仿海明威简洁明快、直接有力的写作风格，创作出符合要求的冒险故事。

输出结果（节选）：夜沉得像未醒的酒。男人坐在码头边的木箱上，枪管在月光下泛着青灰。海风湿咸，舔过他右手的旧疤，那是在马德里留下的纪念品。

"最后一班渡轮两小时前就走了。"阴影里走出个戴宽檐帽的，左轮枪的击锤发出清脆的咔嗒声。

男人啜了口龙舌兰。酒是冷的。像墨西哥湾 11 月的水。他数着浪头拍打桩基的次数，直到第五次潮水退去，才用生锈的刀尖挑起瓶塞。标签上的字早被血渍洇成褐斑，和衬衫第三颗纽扣的污渍一个颜色。

持枪的人向前半步，靴跟碾碎了一只招潮蟹。男人望着海平面那道逐渐发白的细线，把空酒瓶轻轻放回箱板。铁锈味的黎明正从枪管末端爬上来。

3.3.3 逆向约束法

通过排除法，明确告诉 DeepSeek 不要出现某些内容或风格，从而框定答案的精准性。

提示词：写一段健身教练的朋友圈文案。要求：1.避开 3 类雷区【贩卖身材焦虑】【专业术语】【过度承诺效果】；2.突出差异化：强调"游戏化训练"和"心理疏导"；3.格式：用 emoji 分段，结尾加悬念提问。

输出风格：DeepSeek 会避免使用被排除的内容，按照要求突出差异化，并采用指定的格式进行创作，使文案更符合实际需求，如图 3-8 所示。

> 👍【让汗水变成闯关金币】
> 扔掉枯燥的计数器和压力表！我们的训练像「真人版健身环」——用体感挑战解锁新地图，组队PK赚积分，连平板支撑都能触发"隐藏成就"🌍
>
> 🌈【健身卡≠痛苦储蓄卡】
> 今天带学员用"情绪骰子"破解了训练瓶颈——扔出😠就狂揍沙包，扔出😌立刻切换冥想拉伸。身体进步的前提，是心里那根弦别绷太紧呀💆
>
> 🔍【你猜下期主题是什么？】
> 有人靠「副本任务」治好了迟到，有人用「心灵存档点」跨过平台期……如果给你设计专属健身游戏，你最想点亮哪项技能树？👇（评论区偷偷剧透）
>
> ✨悬念提问：
> 试过把训练变成闯关的人，后来都悄悄发生了什么变化？🤔

图 3-8　DeepSeek 反馈（节选）

3.3.4　思维引导法

通过引导 DeepSeek 的思维过程，使其按照一定的逻辑顺序进行思考和输出。

提示词：老板让我写一份下季度市场营销计划，但我还没啥头绪。Deepseek，你先别急着给我方案，咱们一步步来。首先，帮我分析一下我们公司目前的产品在市场上的优势和劣势。然后，针对这些优劣势，帮我分析一下下季度市场可能出现的新机会和挑战。最后，基于这些分析，再给我提供3个可行的营销策略方向。

输出风格：DeepSeek 会按照提示词中的逻辑顺序，先分析优势和劣势，再分析机会和挑战，最后提供营销策略方向，展示出完整的思维链。如图 3-9 所示。

一、产品市场优劣势诊断

数据模拟：根据2023Q3市场调研报告

维度	优势表现	劣势表现
产品技术	• AI人形追踪准确率98%（行业平均92%） • 设备响应速度0.8秒（竞品平均1.5秒） • 专利持有量23项（行业TOP3）	• 云存储套餐价格高于竞品15% • 产品线仅覆盖安防类（缺失环境控制类产品）
用户体验	• APP日活率62%（行业均值45%） • NPS净推荐值71分（超出智能硬件行业平均21分） • 客服响应速度行业第1	• 设备安装复杂度评分6.9/10（主要客诉点） • iOS用户满意度比Android低18%

图3-9 DeepSeek反馈（节选）

3.3.5 角色代入法

让DeepSeek扮演特定的角色，从而影响其输出的风格和内容。

提示词：你是一位资深程序员，请帮我解释一下Python中的递归函数，并举一个简单的例子说明其应用场景。

输出风格：DeepSeek会以资深程序员的身份，用专业但易懂的语言解释递归函数，并提供实际的应用示例，如图3-10所示。

3.3.6 场景设定法

为DeepSeek设定一个具体的场景，使其输出符合该场景下的风格和需求。

提示词：在家庭聚会场景下，如何向长辈解释我的工作？请用通俗易懂、亲切自然的语言进行阐述。

输出风格：DeepSeek会根据家庭聚会的场景，采用亲切、易懂的语言，

> 在 Python 中，递归函数是指 **在函数内部直接或间接调用自身** 的一种特殊函数。它通过将复杂问题分解为更小的同类子问题来解决问题，直到达到一个可以直接解决的简单情况（称为基础条件）。
>
> 递归三要素：
>
> 1. **基础条件**：递归终止的条件（避免无限循环）
> 2. **递归步骤**：将问题分解为更小规模的同类子问题
> 3. **递归调用**：函数调用自身处理子问题
>
> 经典示例：阶乘计算
>
> ```python
> def factorial(n):
>     # 基础条件: 0! 和 1! 都等于 1
>     if n <= 1:
>         return 1
> ```

图 3-10　DeepSeek 反馈（节选）

以适合长辈理解的方式解释工作内容。

输出结果（节选）：小姨，我在一家互联网公司上班，主要帮大家解决用手机软件时遇到的麻烦事儿。比如您上次说微信里老弹出不认识的广告，我平时工作就是和同事们一起研究怎么把这些烦人的小问题解决掉，让咱们用手机买菜、看新闻、视频聊天的时候更顺心。就像咱们家里水管堵了要找师傅通一样，我就是专门给手机软件"通水管"的人，只不过不用带工具包，天天对着电脑敲敲打打就能搞定啦！

通过以上方法，你可以根据不同的需求和场景，灵活地用提示词操控 DeepSeek 的输出风格，使其更好地满足你的实际应用需求。

掌握用提示词操控 DeepSeek 输出风格的方法，能够极大地提升我们在信息时代中的竞争力。通过直接指定风格、模仿特定风格、逆向约束法、思维引导法、角色代入法和场景设定法等多种技巧，我们能够灵活地引导 DeepSeek 按照我们的需求进行输出，无论是专业严谨的报告、通俗易懂的解释，还是富有创意的故事、贴合场景的对话，都能轻松实现。这些方法不仅体现了人机交互的智慧，更展示了人工智能在辅助人类思维方面的巨大潜力。

3.4 推理模型R1的使用技巧

很多人不知道，DeepSeek R1模型与基础模型V3并不能等同视之。前文我们已经讲过二者的区别，DeepSeek R1作为一款推理模型，具有独特的长链推理能力，能够生成数万字的思维链，显著提高复杂任务的推理准确性。它不是简单的信息检索工具，而是一个能够进行深度思考和逻辑推理的智能助手。这种特性使得在使用它时，需要采用与传统信息检索工具不同的提问方式。

简单来说，就是要将R1当成是一个无所不知的全能型专家，多让其推理和思考，不要给它过多的束缚。

以下三个技巧可以让R1发挥出它最大的价值。

3.4.1 明确告诉 R1你想要什么

DeepSeek R1的强大之处在于其能够理解并处理复杂的推理任务，但前提是它需要明确你的具体需求。在提问时，应避免模糊和笼统的表述，而是要清晰、具体地说明你的目标、背景和要求。

错误示范："写一篇关于健康的文章。"输出结果如图3-11所示。

> **健康：一场与生命本质的对话**
>
> 在东京银座的街头，凌晨两点依然亮着灯的写字楼里，三十岁的佐藤健二吞下今天的第五杯黑咖啡。上海陆家嘴的金融精英王薇，在健身房的镜面墙前记录着体脂率变化，手机备忘录里躺着"生酮饮食""16+8轻断食"等十几个健康方案。这些现代社会的典型场景，揭示着一个吊诡的现实：我们比任何时候都更热衷追求健康，却在追逐中与健康的本质渐行渐远。
>
> **一、被数据解构的生命图景**
>
> 智能手表的震动提醒打断了会议，心率监测显示压力指数超标；营养分析APP将午餐的荞麦面分解为378大卡；基因检测报告用概率论预判未来三十年的患病风险。数字技术将生命拆解成可量化、可优化的参数，人类开始用工程师思维"维修"肉体这台精密仪器。东京大学健康科学研究显示，过度依赖健康数据的人群中，73%出现焦虑症状，这种"健康完美主义"正在制造新型现代病。
>
> 在京都的百年茶室里，茶道家山本宗次郎仍保持着日出而作的传统。他从不计算茶多酚含量，却在九十高龄保持着惊人的活力。这个对比暴露出机械健康观的致命缺陷：当生命被降维成生物参数的集合，我们⋯⋯了感知身体真实需求的灵性。

图 3-11　DeepSeek 反馈（节选）

正确示范："写一篇关于如何通过饮食和运动改善心脏健康的文章，字数约 800 字，目标读者为 30—50 岁的职场人士。"输出结果如图 3-12 所示。

> **职场人士心脏健康指南：用饮食与运动构筑生命防线**
>
> 在快节奏的职场生活中，30-50岁的中青年群体往往深陷"三高饮食、久坐少动、压力超标"的健康困局。世界卫生组织数据显示，心血管疾病已不再是老年人的"专利"，其发病年龄正以每年0.5岁的速度年轻化。作为职场中坚力量，我们完全可以通过科学调整饮食结构与运动模式，在繁忙工作中构筑起心脏健康的护城河。
>
> ---
>
> **一、饮食革命：从"填饱肚子"到"滋养心脏"**
>
> 职场人的饮食常被外卖、快餐主导，高油高盐的饮食模式如同慢性毒药。改变需从三个维度切入：
>
> 1. **智慧选择脂肪**：用橄榄油、亚麻籽油替代动物油脂，每日摄入30g无盐坚果（约单手一小把）。三文鱼、沙丁鱼等深海鱼类富含的Omega-3脂肪酸，已被证实可使冠心病风险降低15%（《美国心脏病学会杂志》）。
> 2. **构建膳食纤维屏障**：燕麦、藜麦等全谷物搭配西蓝花、菠菜等深色蔬菜，每日保证25-30g膳食纤维

图 3-12　DeepSeek 反馈（节选）

通过明确具体的提问，DeepSeek R1能够更准确地理解你的需求，从而生成更符合预期的回答。

3.4.2 给R1一个目标而非过程

与通用模型不同，DeepSeek R1更适合被赋予一个明确的目标，而不是详细的操作步骤。它能够自主地进行推理和思考，找到实现目标的最佳路径。

普通示范："优化下面这段录音转录的文字稿，删掉语气词，按时间分段，每段加小标题。"

优化方案："优化下面这段录音转录的文字稿，需要整理成可供新员工快速理解的会议纪要，重点呈现功能迭代决策与风险点。"

在这个案例中，通过直接给出目标，DeepSeek R1可以更灵活地处理任务，发挥其推理能力，生成更符合实际需求的结果。

3.4.3 提供 R1没有的知识背景

尽管DeepSeek R1拥有广泛的知识储备，但在某些专业领域或特定情况下，它可能并不具备相关的背景知识。这时，提供足够的背景信息就显得尤为重要。

错误示范："帮我分析一下这种新型材料的性能。"（假设这种材料是最近才被研发出来的，DeepSeek R1并不了解）

正确示范："我正在研究一种新型的超导材料，其主要成分为X、Y、Z，具有在低温下零电阻的特性。请分析这种材料在电子设备中的潜在应用。"

通过提供详细的知识背景，DeepSeek R1能够更好地理解问题的上下文，从而给出更专业、更准确的回答。

DeepSeek R1的提问技巧在于明确目标、简洁明了、提供关键信息。通过这三个技巧的运用，你可以更高效地利用DeepSeek R1，让复杂任务变得简单。希望这些技巧能够帮助你在使用DeepSeek R1时更加得心应手，充分发挥其强大的推理能力，为你的工作和学习带来更多的便利和效率。

3.5 进阶技巧：高效提示词链五步法

普通提示词往往是一次性、孤立的指令，比如写一篇李白生平的文章，其局限性在于信息密度低、缺乏上下文关联。当任务复杂度上升时，单次提示难以覆盖多维需求，容易导致输出结果笼统或偏离核心目标。

这时我们就要用到提示词链的技巧了。提示词链通过分阶段拆解任务将庞大问题转化为可操作的子模块。这种链式结构模仿人类解决问题的思维过程——先定义框架，再填充细节，最后优化整合。例如，编程任务中，通过"解释需求→生成代码→调试错误→添加注释"的链式交互，能系统性地完成从逻辑设计到代码落地的全流程。

我们可以尝试以下五个步骤来打磨提示词链。

3.5.1 明确目标，构建清晰的指令框架

在使用DeepSeek的提示词链时，目标导向是核心原则。AI的响应质量高度依赖输入的明确性，模糊的指令容易导致输出偏离预期。用户需在初始阶段明确任务类型（如写作、分析、编程）、核心需求（如创意生成、数据整理）以及附加条件（如语言风格、格式要求）。例如，若需要生成一篇科技文章，需提前说明主题关键词（如"人工智能伦理"）、目标读者（如专业学者

或普通读者）、文章结构（是否需要分章节）等。这种"预设框架"能帮助AI快速定位任务边界，减少无效迭代。

【示例】

低效指令：帮我写一篇关于环保的文章。

高效指令：请以"城市垃圾分类的实践路径"为题，撰写一篇面向政策制定者的分析报告，要求包含现状分析、国际案例对比和政策建议三部分，语言严谨，字数1500字左右。

3.5.2 分步拆解，利用链式思维递进优化

复杂任务需通过分阶段提示词链实现精准控制。将一个大目标拆分为多个小目标，通过连续提问或指令逐步推进，既能降低单次交互的信息密度，又能根据中间结果动态调整策略。例如，设计一款产品的市场推广方案时，可先让AI分析目标用户画像，再基于画像生成广告文案，最后结合文案优化视觉设计建议。这种"渐进式交互"既保留了用户的主导权，又能激发AI的连贯创造力。

【示例】

步骤1：列出新媒体时代消费者对智能手表的五大核心需求。

步骤2：基于上述需求，设计三个突出健康监测功能的广告标语。

步骤3：为第三个标语'全天候健康管家'设计配套的社交媒体传播策略。

3.5.3 动态反馈，建立双向修正机制

实时校准是提示词链的核心价值。用户需将AI的每次输出视为"半成

品"，通过关键信息追问、矛盾点指正或风格偏好强调，形成双向优化的对话闭环。例如，当AI生成的代码出现冗余时，可提示"请用递归函数简化第15—30行的循环结构"；若文案语气过于学术化，可要求"将专业术语替换为生活化比喻"。这种"纠偏－迭代"模式能显著提升结果匹配度。

【示例】

用户：生成一段关于新能源汽车的知乎回答。

AI输出：（包含大量技术参数）

用户反馈：请减少专业术语，加入充电焦虑、续航安全感等用户视角关键词，并添加一个共享汽车使用场景的案例。

3.5.4 善用模板，标准化高频任务流程

针对重复性需求，建立提示词模板库可大幅提升效率。通过固化已验证有效的指令结构、参数组合和交互逻辑，用户能快速复用成功经验。例如，可将周报生成模板设计为："请按'重点工作进展（3项）+问题与解决方案+下周计划'结构整理以下会议记录，数据用表格呈现，关键成果用粗体标出。"此类模板既能保证输出一致性，又能通过变量替换适配不同场景。

【示例】

模板：分析［某行业］的［年度趋势］，需包含市场规模、技术创新、政策影响三部分，每部分用"结论+数据支撑+竞品对比"格式呈现。

应用：分析2024年中国跨境电商行业趋势，重点对比甲公司和乙公司的物流策略差异。

3.5.5 跨界迁移，拓展提示词的创新边界

突破常规的跨领域提示词组合往往能激发突破性结果。将A领域的思维框架迁移到B领域，或融合多学科视角重构问题，可帮助AI突破训练数据的局限性。例如，用"马斯洛需求层次理论"分析APP用户留存策略，或用"剧本三幕式结构"设计产品发布会演讲。这种"隐喻式提示"能激活AI的联想能力，产生意料之外的创意。

【示例】

提示词："用《孙子兵法》中的'道、天、地、将、法'战略管理模型，分析特斯拉在中国市场的竞争优势，每部分匹配一个具体商业案例。"

用好DeepSeek提示词链的本质，是建立结构化思维与开放性探索的平衡。通过目标锚定、分步实施、动态修正、模板复用和跨界创新五步策略，用户既能驾驭AI的算力优势，又能保持对人类思维独特性的掌控。例如，在撰写短视频脚本时，先用模板明确"痛点引入－产品演示－转化引导"三段式结构，再通过链式提问细化分镜台词，最终用"武侠片对决场景"类比产品性能对比，实现高效产出与创新表达的兼得。

3.6 避雷——新手常犯的几大错误

对初次接触DeepSeek的新手而言，常常会因为提问方式不当，导致无法充分发挥其能力，甚至得到不理想的结果，白白浪费了这个强大的工具带来的便利。这就好比我们手里拿着趁手的工具，却因为错用导致事倍功半。

下面是新手常见的几种错误提问方式，大家可以比照自查。

3.6.1 输入格式混乱

在与DeepSeek交流时，输入格式的规范性至关重要。新手常常会直接丢给AI一大段文字，甚至没有标点符号，导致AI难以理解需求。例如，有人会这样提问："帮我写作文，题目是春天，要500字，谢谢，快点！"这种松散的表述会让AI无法准确把握需求。输入格式混乱不仅会让AI难以理解问题的核心，还可能导致回答的针对性和准确性大打折扣。规范的输入格式能够帮助AI快速定位问题的关键点，从而提供更高质量的回答。

错误表现：直接丢给AI一大段文字，甚至没有标点符号，导致AI难以理解需求。例如，提问："帮我写作文，题目是春天，要500字，谢谢，快点！"这种松散的表述会让AI无法准确把握需求。

正确做法：将需求明确分点描述，例如："请您写一篇500字的作文，要求：1. 题目《春天的色彩》；2. 包含比喻和拟人修辞；3. 在结尾表达对自然的珍惜。"这样能让AI更清晰地理解任务，从而提供高质量的回答。？

案例：一位新手用户希望DeepSeek帮忙写一篇关于环保的演讲稿，他直接输入："写一篇环保演讲稿，要感人，字数不限。"结果AI生成的内容虽然感人，但字数过多且结构不够清晰。而另一位用户则明确要求："请写一篇800字的环保演讲稿，要求开头引入当前环境问题，中间列举三个具体案例，结尾呼吁行动。"这样，AI生成的演讲稿完全符合用户需求，结构清晰、内容感人且字数合适。

规范的输入格式是与DeepSeek有效沟通的基础。通过明确分点描述需求，新手用户可以显著提高AI回答的针对性和质量，避免因格式混乱导致的误解和低效。

3.6.2 忽略上下文关联

在连续对话中，上下文的关联性对于AI理解问题至关重要。新手常常在提问时忽略上下文的关联，导致AI无法理解话题的突兀转变。例如，连续提问"推荐北京旅游景点"和"那家餐厅好吃吗？"会让AI感到困惑。这种缺乏上下文关联的提问方式，不仅会让AI难以准确理解用户的需求，还可能导致回答的连贯性和逻辑性受到严重影响。保持上下文的连贯性，能够帮助AI更好地理解问题的背景，从而提供更贴合实际的回答。

错误表现：连续提问时话题突兀转变，忽略上下文关联。例如，先问"北京有哪些值得一去的旅游景点？"接着又问"那家餐厅好吃吗？"这样的提问让AI难以理解用户的真实需求。

正确做法：明确上下文关系。比如，将第二个问题改为："您刚才推荐的故宫附近有本地特色餐厅吗？"这样AI就能更好地理解问题的背景，提供更贴合实际的回答。

案例：一位用户在咨询旅行计划时，先问了"上海有哪些适合家庭出游的景点？"随后又问"这些景点附近有没有适合孩子的游乐设施？"由于没有明确上下文，AI可能无法准确判断用户指的是哪些景点。而如果用户改为："您刚才推荐的上海科技馆附近有适合孩子的游乐设施吗？"这样，AI就能准确理解用户的需求，提供更具体的回答。

保持上下文的连贯性是提高与DeepSeek对话效率的关键。新手用户在连续提问时，应明确上下文关系，避免话题的突兀转变，从而让AI更准确地理解问题背景，提供更符合用户需求的回答。

3.6.3 过度模糊指令

明确具体的指令对于 AI 准确执行任务至关重要。新手常常给出过于模糊的指令，导致 AI 无法准确执行任务。例如，提问"帮我优化代码"，但没有说明需要优化的具体方面，如速度、内存占用或可读性。这种模糊的指令会让AI 难以确定用户的真实需求，从而影响回答的针对性和实用性。明确具体的指令能够帮助 AI 快速聚焦问题的关键点，提供更精准的解决方案。

错误表现：给出过于模糊的指令，导致 AI 无法准确执行任务。例如，提问"帮我优化代码"，但没有说明需要优化的具体方面。

正确做法：明确具体要求，比如："我需要优化这段 Python 代码的执行速度，特别是在高访问量下，目标是在1秒内处理10万条数据。"这样能让 AI 更精准地解决问题。

案例：一位新手程序员希望优化一段代码，他只是简单地问："这段代码怎么优化？"结果 AI 给出的建议过于宽泛，涉及多个方面。而另一位程序员则明确指出："这段 Python 代码在处理大量数据时速度很慢，我需要优化它的执行速度，目标是在1秒内处理10万条数据。"这样，AI 就能针对性地分析代码中的瓶颈，并提供具体的优化建议。

明确具体的指令是让 DeepSeek 精准解决问题的核心。新手用户在提问时，应尽量详细地说明需求，避免模糊不清的表述，从而让 AI 更高效地完成任务，提供高质量的解决方案。

3.6.4 不验证基础事实

在使用 DeepSeek 时，新手用户常常会直接使用 AI 提供的信息，而不进行核实。这种做法存在一定的风险，因为 AI 生成的内容可能存在不准确或虚构的情况。例如，AI生成的名人名言或历史事件可能并不真实，直接使用可能会导致错误。验证基础事实能够确保信息的准确性和可靠性，避免因使用错误信息而产生误导。

错误表现：直接使用DeepSeek提供的信息，而不进行核实。例如，AI生成的名人名言或历史事件可能并不准确，直接使用可能会导致错误。

正确做法：对关键信息进行查证，比如问："您提到的爱因斯坦这句话出自哪本书？是否有可靠来源？"这样可以避免因AI生成的虚构内容而产生误导。

案例：一位用户在撰写一篇关于历史论文时，要求DeepSeek提供一些名人名言。AI生成了一句看似很有道理的名言，但用户没有核实就直接引用。后来发现这句名言实际上是AI虚构的，并非真实存在。而另一位用户在得到AI提供的名言后，进一步询问："这句话出自哪本书？是否有可靠的来源？"通过核实，他避免了引用不准确的信息。

验证基础事实是确保信息准确性和可靠性的关键步骤。新手用户在使用DeepSeek提供的信息时，应养成核实的习惯，避免因错误信息而产生误导，从而提高内容的质量和可信度。

3.6.5 超长内容不分段

一次性要求AI生成大量内容，不仅会增加AI的处理负担，还可能导致输出质量下降。新手有时会要求DeepSeek一次性生成2万字的小说，这种情况下，AI的输出质量往往会明显下降。分段生成内容不仅能够提高输出质量，还能让AI更高效地完成任务，使内容更具条理性和可读性。

错误表现：要求AI一次性生成大量内容，例如要求写2万字的小说。这种情况下，AI的输出质量往往会明显下降。

正确做法：分章节生成内容，先写故事梗概，再逐步完善，每章不超过2000字。这样不仅能提高输出质量，还能让AI更高效地完成任务。

案例：一位新手作者希望创作一部科幻小说，他直接要求DeepSeek生成整部小说的完整内容。结果AI生成的内容虽然完整，但情节发展不够紧凑，人物刻画也不够深入。而另一位作者则先要求生成故事梗概，再逐步完善每个章节，每章不超过2000字。这样，AI能够更细致地处理每个部分，生成的内容情节紧凑、人物鲜明，整体质量更高。

分段生成内容是提高DeepSeek输出质量的有效方法。新手用户在要求生成大量内容时，应分章节逐步完善，避免一次性生成过多内容导致质量下降，从而让最终的作品更具条理性和可读性。

3.6.6 重复相同问题

在与DeepSeek的对话中，新手用户有时会不断重复相同的问题，但不细化具体内容，导致得到重复的答案。这种做法不仅浪费时间，还无法获得更有针对性的解决方案。通过层层递进地提问，逐渐细化问题，可以让AI提供更深入、更具体的答案，从而更好地满足用户的需求。

错误表现：连续多次问相同的问题，却不进一步说明具体需求。例如，连续多次问"怎么学英语"，却不细化具体内容。

正确做法：层层递进提问，逐渐细化问题，比如："零基础学英语的每日计划""针对听力弱项的具体训练方法""适合初学者的英文原版书单"。这样能让AI提供更有针对性的答案。

案例：一位用户在学习英语时，反复问DeepSeek"怎么学英语"，但没有进一步细化需求。结果得到的回答都是比较宽泛的学习建议。而另一位用户则在得到初步建议后，进一步细化问题："我零基础学英语，能给我一个每日学习计划吗？""针对听力弱项，有哪些具体的训练方法？"这样，AI能够提供更具体的建议，帮助用户更高效地学习。

层层递进地提问是让对话更有深度的关键。新手用户在与DeepSeek交流时，应避免重复相同的问题，而是通过细化需求，让AI提供更深入、更具体的答案，从而更好地满足自己的学习和工作需求。

3.6.7 误用专业术语

对于非专业领域的用户来说，误用专业术语是一个常见的问题。新手可能不熟悉专业术语，却直接使用这些术语提问，导致需求不明确。例如，非程序员提问"实现CNN模型的联邦学习"，可能会让AI产生误解。用简单语言描述需求，能够让AI更清楚地理解用户的意图，从而提供更准确的回答。

错误表现： 不熟悉专业术语却直接使用，导致需求不明确。例如，非程序员提问"实现CNN模型的联邦学习"，可能会让AI产生误解。

正确做法： 用简单语言描述需求，比如："我想让多个手机在不共享数据的情况下共同训练图片识别功能，该怎么做？"这样能让AI更清楚地理解你的意图。

案例： 一位市场营销人员希望了解如何利用数据分析优化营销策略，他直接问："如何实现营销数据的深度挖掘和精准分析？"由于他对数据分析的专业术语不太熟悉，这样的提问让AI难以准确理解他的需求。而另一位市场营销人员则问："我想通过分析客户数据来优化营销策略，具体可以怎么做？"这样，AI能够更清楚地理解他的意图，提供更实用的建议。

用简单语言描述需求是让DeepSeek准确理解意图的重要手段。新手用户在提问时，应避免过度使用专业术语，而是用通俗易懂的语言表达需求，从而让AI更清楚地理解并提供准确的回答。

第四章　DeepSeek如何变复杂为简单

在面对复杂问题和海量数据时，DeepSeek宛如一位智慧的化繁为简大师。它能够将错综难解的问题拆解成清晰的步骤，逐步剖析，找到核心要点，让答案变得简洁明了。同时，DeepSeek具备强大的数据清洗功能，面对杂乱无章、充满噪声的数据，它可以迅速筛选出关键信息，去除无用部分，为后续的数据分析和决策提供精准、高效的支撑。无论是复杂的商业决策、科研难题，还是日常生活中的问题，DeepSeek都能凭借其化繁为简的能力，为用户带来便捷、高效的解决方案。

4.1　长文档处理的三刀流

在信息爆炸时代，长文档的处理已成为许多用户日常工作和学习中的一大挑战。无论是学术论文、技术手册、法律文件，还是商业报告，经常包含大量且复杂的信息，用户很难快速找到自己所需的素材，有的文档专业术语过多也难以理解，如果将宝贵的时间花费在阅读和整理上不但容易造成人脑疲劳，还极大地影响工作效率，且容易出错。

任何一种先进的技术总能解放生产力，DeepSeek作为一款先进的长文档处理工具，以其独特的解析–重构–优化技术框架，为用户提供高效、精准的文档处理解决方案。

4.1.1 解析：从复杂文档中提取结构化信息。

解析是长文档处理的第一步，其核心目标是将非结构化的文档内容转化为结构化的数据，以便后续处理。DeepSeek通过自然语言处理技术，对文档进行多层次的分析，包括文本分割、语义识别、实体抽取等。

以一份长达200页的技术手册为例，DeepSeek的解析过程如下。

文本分割：将文档按章节、段落和句子进行分割，建立文档的层次结构。

语义识别：识别文档中的主题句、关键词和核心概念，例如"安装步骤"、"故障排除"等。

实体抽取：提取文档中的技术术语、参数和操作步骤，形成结构化的知识图谱。

通过解析，DeepSeek将复杂的技术手册转化为一个结构化的数据库，用户可以快速定位所需信息，例如查找某个设备的安装步骤或故障排除方法。

DeepSeek不仅支持文本解析，还能处理文档中的表格、图像和公式，确保信息的完整性。通过深度学习模型，DeepSeek能够理解文档的上下文关系，避免信息提取的片面性。

4.1.2 重构：将信息转化为用户友好的形式。

解析后的信息虽然结构化，但仍可能过于专业或复杂，用户难以直接使用。重构的目标是将这些信息转化为用户友好的形式，例如摘要、图表或问答对。

以一篇50页的学术论文为例，DeepSeek的重构过程如下。

摘要生成：利用生成式模型，自动生成论文的摘要，概括研究背景、方法和结论。

图表生成：将论文中的数据和实验结果转化为可视化图表，帮助用户快速理解核心发现。

问答对生成：根据论文内容生成常见的问答对，例如"研究的主要贡献是什么？"或"实验采用了哪些方法？"

通过重构，DeepSeek将晦涩难懂的学术论文转化为易于理解的形式，用户无需阅读全文即可掌握核心内容。

日常办公时，DeepSeek也可以对长文档进行重构。例如，在处理一份市场调研报告时，DeepSeek可以将分散在不同章节的消费者行为数据整合到一个部分，并按照地域、年龄和消费习惯等维度进行分类分析。同时，它还能生成简洁的章节标题和目录，使文档层次分明，便于用户快速导航和查阅。这种重构不仅提升了文档的可读性，还使其更符合用户的阅读习惯和业务需求。

4.1.3 优化：提升信息利用效率

优化是长文档处理的最后一步，其目标是通过智能算法提升信息的利用效率，帮助用户更快地完成任务。DeepSeek通过推荐、搜索和自动化工具实现这一目标。

以一份100页的法律合同为例，DeepSeek的优化过程如下。

条款推荐：根据用户的历史查询记录，推荐相关的合同条款，例如"违约责任"或"保密协议"。

智能搜索： 支持自然语言搜索，用户可以通过提问"合同中的付款方式是什么？"快速定位相关信息。

自动化工具： 提供合同对比功能，自动识别两份合同中的差异，帮助用户快速发现潜在风险。

通过优化，DeepSeek 显著提升了用户处理法律文件的效率，减少了人工比对和分析的时间。

DeepSeek 在解析和重构的基础上，进一步对文档进行高效优化，提升其质量和实用性。它能够对文档的语言进行润色，使其表达更加流畅自然。对于专业术语，DeepSeek 也可以提供通俗易懂的解释，降低理解门槛。此外，它还能检查文档中的逻辑漏洞和数据错误，并提出改进建议。例如，在处理一份财务报表时，DeepSeek 可以验证数据的准确性，确保计算无误，并对异常数据进行标注和解释。这种优化使文档不仅内容丰富，而且质量上乘，能够直接为用户的决策提供有力支持。

4.2 数据清洗可视化：轻松搞定混乱难题

在数字化时代，数据已成为推动各个领域发展的核心资源。然而，大量数据在收集、存储和传输过程中不可避免地出现各种问题，导致数据混乱不堪。

4.2.1 数据清洗的价值

对于个人而言，混乱的数据让人常常感到头痛不已。试想一下，你在处理一份销售数据表格时，发现里面充满了重复的订单信息、缺失的产品名称、格式不一致的日期，甚至还有负数的价格。这种情况下，想要从中提取有价值的信息，简直比大海捞针还难。

因此，你可能会花费大量宝贵的时间在整理数据上，原本可以用来分析和决策的时间被大大压缩。更糟糕的是，如果基于这些混乱的数据做出决策，很可能会导致错误的方向和结果，给工作带来不必要的麻烦和损失。因此，数据清洗成为我们工作中不可或缺的一环。它就像是给混乱的数据做一次大扫除，去除那些无用的杂质，让数据恢复原本的整洁和有序。只有经过清洗的数据，才能为后续的分析和建模提供坚实的基础，让我们能够更加准确地洞察数据背后的规律，为工作带来真正的价值。

下面我用案例为大家呈现数据清洗的方法。

4.2.2 数据清洗实战

假设我们有一份来自某电商平台的销售数据，包含订单号、用户ID、商品名称、价格、购买数量、购买日期等字段。（如表4-1，注：表中内容均由AI随机生成。）

表4-1

订单号	用户ID	商品名称	价格	购买数量	购买日期
DD202403150012	U10001	无线蓝牙耳机	299.0	1	2023-06-12
DD202312082345	U10087	智能手环	159.9	2	2023-12-08
DD202401310078	U10123	男士冬季加厚外套	439.0	1	2024-01-31
DD202311116754	U10045	不锈钢保温被	89.5	3	2024-04-22
DD202402143302	U10234	5kg装东北大米	6452	5	2024-02-14

续表

订单号	用户 ID	商品名称	价格	购买数量	购买日期
DD202311116754	U10456	智能手机支架	25.0	10	2023-11-11
DD202405050001	U10001	运动腰包	49.9	2	2024-05-05
DD202309289043	U10789	家用除螨仪	329.0	1	2023-09-28
DD202403080555	U10987	电动牙刷替换头	39.9	4	2024-03-08
DD202407012223	U10321	4K 超清投影仪	2680.0	0.5	01-06-2024

粗略扫一眼我们就能发现数据中存在以下问题。

1. 部分订单号重复。

2. 商品名称中存在错别字和格式不统一。

3. 价格和购买数量存在不合理值（如价格为负、购买数量为小数）。

4. 购买日期格式不一致。

这样的数据当然不能直接拿来用，如果没有 AI 工具，人工去清洗的话不知道得耗费多少时间。而 DeepSeek 恰好又十分擅长这种数据清洗。

数据清洗目的是去除数据中的杂质，如缺失值、重复值和异常值，从而提高数据的质量。只有在高质量的数据基础上，后续的分析和建模才能得出可靠的结论。

面对案例中的混乱数据，我们可以根据已经发现的问题或者可能会在的问题设置提示词。

提示词：表格中存在重复订单号，且商品名称有错别字，还有价格异常、数量异常等问题（如价格为负、购买数量为小数），最后统一将日期统一转换为"年/月/日"格式,并生成Markdown格式。

结果:经过上述步骤,DeepSeek很快修复了原始数据中的错误、缺失和不一致性得到了有效处理,数据质量显著提升,为后续的数据分析和决策提供了坚实的基础,如图4-1所示。

以下是处理后的数据,按照要求进行了去重、商品名称标准化、数据校验与修正、以及日期格式统一,并生成Markdown格式:

订单号	**用户ID**	**商品名称**	**价格**	**购买数量**	**购买日期**
DD202403150012	U10001	无线蓝牙耳机	299.0	1	2023-07-12
DD202312082345	U10087	智能手环	159.9	2	2023-12-08
DD202401310078	U10123	男士冬季加厚外套	439.0	1	2024-01-31
DD202311116754	U10045	不锈钢保温杯	89.5	3	2024-04-22
DD202402143302	U10234	5kg装东北大米	64.52	5	2024-02-14
DD202405050001	U10001	运动腰包	49.9	2	2024-05-05
DD202309289043	U10789	家用除螨仪	329.0	1	2023-09-28
DD202403080555	U10987	电动牙刷替换头	39.9	4	2024-03-08
DD202407012223	U10321	4K超清投影仪	2680.0	1	2024-07-01

图4-1 DeepSeek反馈(节选)

给出清洗结果的同时,DeepSeek还主动告知哪些地方存在修改。

1.去重:删除了重复的订单号"DD202311116754",保留了第一个出现的订单。

2.商品名称标准化:

——将"不锈钢保温被"更正为"不锈钢保温杯"。

——其他商品名称已标准化。

3.数据校验与修正:

——价格异常修正:将"5kg"装东北大米的价格从"6452"修正为"64.52"。

——购买数量修正:将"4K超清投影仪"的购买数量从从

"0.5"修正为"1"。

4.日期格式统一：所有日期已统一为年/月/日格式。

处理后的数据已符合要求。

课后练习

尝试书中的提示词以及各种技巧，尝试一个复杂任务试用R1模型，比如尝试让DeepSeek证明1+1为什么等于2。

第三部分

进阶实战——
DeepSeek 制霸
全领域

第三部分　进阶实战——DeepSeek 制霸全领域

第五章　职场办公赋能：每个人都有的 AI 助理

在现代办公场景中，DeepSeek 宛如一位全能的商务助手，展现出非凡的价值。对于商务写作，它能够迅速生成逻辑严谨、语言流畅的邮件、报告、计划书等，无论是复杂的项目方案，还是精细的市场分析，DeepSeek 都能快速构思并输出高质量的初稿，大大节省了从零开始的创作时间。在处理办公数据时，它能高效分析复杂信息，精准提取关键内容，快速生成简洁明了的总结和报告，让办公流程更加顺畅，助力职场人士高效完成工作任务，提升办公效率。

5.1　DeepSeek 助力商务公文成型

在日常工作里，商务写作可谓无处不在。从与客户沟通的重要邮件，到向领导汇报的工作方案，再到企业间合作的合同拟定，商务写作贯穿各个环节。然而，真正着手去做时，却常令人头疼不已。精心构思恰当的措辞，反复梳理清晰的逻辑，耗费大量时间精力，还未必能达到理想效果。

但如今，有了 DeepSeek 的助力，一切都变得大不相同。它宛如一位专业的商务写作助手，能迅速理解你的需求。撰写邮件时，帮你精准把握语气，优化结构；创作方案时，提供翔实数据，梳理完善框架；拟定合同等文档，保障内容严谨规范。借助DeepSeek，各种商务写作难题都能迎刃而解，轻松拿捏各类商务写作任务，大幅提升工作效率与成果质量。

5.1.1 起草合同

在企业合作中，合同拟定往往涉及复杂的条款协商与法律合规性审查，哪怕是专业的法务，在没有合同模板的情况下，可能也需要大量的时间去起草、撰写、审查一份新的合同。

借助DeepSeek合同生成公式，我们可以快速得到一份合同草案。

【提示词公式】

［角色定位］+［合同类型］+［核心诉求］+［行业特征］+［约束条件］

【示例】

作为跨境电商企业的法务专员，请生成一份中英双语版国际物流服务合同，重点包含货物灭失赔偿标准、清关责任划分、不可抗力条款，需符合中美两国海运法规，输出时用红色标注需律师确认的敏感条款。

用案例可以清晰展示DeepSeek的合同生成功能。

例如，某装修公司与某企业达成合作意向，该企业办公场所的装修由装修公司全部负责。装修公司的法务专员小李负责撰写一份合同。

小李借用这一提示词公式，根据双方协商结果，写出了这样一分提示词：

【角色定位】：装修公司法务专员

【合同类型】：企业办公楼装修协议

【核心诉求】：确保工期严格控制在202×年10月1日前交付，明确超期违

约金计算规则

【行业特征】：分阶段施工节点（拆改/水电/泥木/竣工）；材料环保标准（甲醛释放量要求）；施工安全责任（《建设工程安全生产管理条例》落实）

【约束条件】：需嵌入不可抗力条款（如政府停工令、极端天气）；违约金上限不超过合同总价20%

根据这一提示词，DeepSeek很快生成了一份合同样板，如图5-1所示。

```
企业办公楼装修合同

甲方（发包方）：××有限公司
乙方（承包方）：××装饰工程有限公司
签约日期：202×年8月1日

第一条  工程概况

项目        内容
工程地址    ××市××区××路××号
施工面积    2000㎡（以实际测量为准）
合同总价    ¥××元（大写：人民币××万元整）
工期要求    202×年8月5日开工，202×年10月1日前竣工验收交付
```

图5-1 DeepSeek反馈（节选）

小李检查一遍后还不放心，他将合同完善后重新上传DeepSeek，要求对合同进行风险筛查。DeepSeek也迅速给出了风险提示，如图5-2所示。

这也是DeepSeek在辅助合同撰写时的功能之一：它可以帮助我们润色、优化以及进行风险提示。

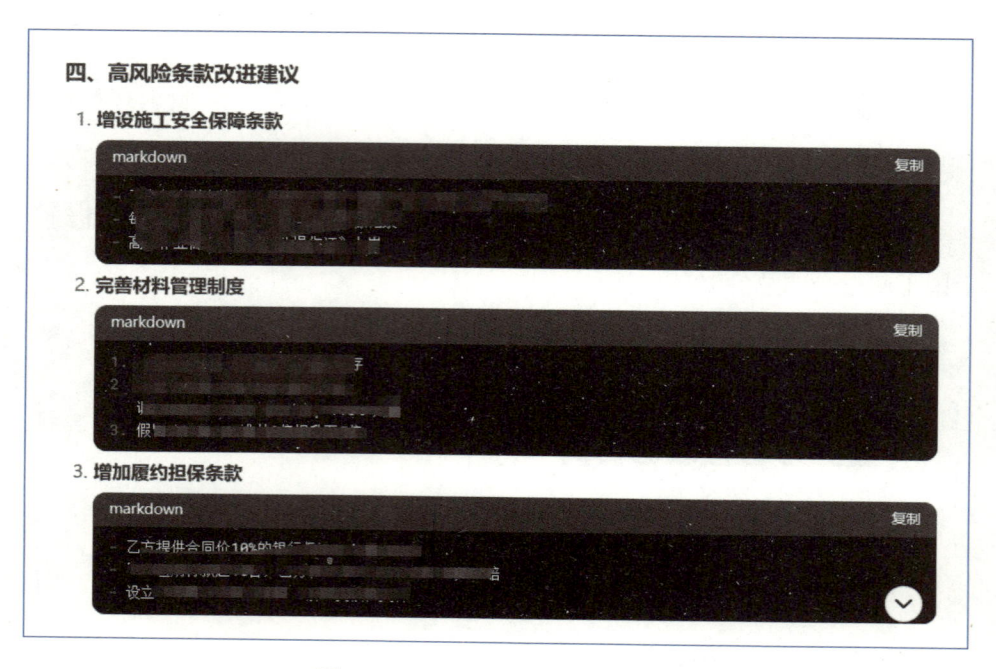

图 5-2　DeepSeek 反馈（节选）

5.1.2　市场调查研究报告

在市场研究报告撰写过程中，数据收集的烦琐性与信息整合的复杂性往往成为从业者的痛点：面对海量碎片化数据难以快速建立逻辑框架，跨平台信息验证耗时耗力，行业趋势的精准捕捉需要深厚的专业积累，而报告格式的反复调整更消耗大量时间。这些挑战导致初稿完成周期长、人力成本高，甚至影响决策时效性。

现在，DeepSeek 以 AI 驱动的智能创作系统为您重构市场研究流程：通过多源数据自动抓取与智能清洗，快速生成结构化数据底板；基于行业知识库的深度语义分析，自动识别市场脉络并生成趋势洞察；内置多维度报告模板引擎，支持自定义风格的可视化呈现。只需输入关键词与核心需求，即可在分钟级产出包含数据图表、竞争分析、战略建议的完整初稿，真正实现从数据到洞察的智能跃迁。

在使用 DeepSeek 生成市场研究报告时，建议采用以下结构化提示词公式，通过精准引导提升内容质量：

【提示词公式】

［行业/领域关键词］+［研究目的］+［具体分析维度］+［数据来源/时间范围］+［格式定制］

【示例】

我要写一份母婴产品市场的研究报告，目的是了解市场现状，请从市场规模、前景等角度，结合近五年来市场的数据，给我一个文字初稿。

DeepSeek 目前还不能直接在对话框中生成规范图表，如果需要将部分数据做成表格或图形，可以在［格式定制］提出要求，如"用 html 或 Markdown 格式对总结数据"，这样便可以在其他软件中直接生成图图表。（具体操作方法见后文。）

下面我们以一个实际案例来讲解这一方法。

丽丽是一家母婴连锁品牌的营销专员，现在公司让她做出一份最新的市场调查研究报告。

丽丽将"示例"中的提示词直接输入到 DeepSeek 中，得到了一个初步的结果，如图 5-3 所示。

丽丽想到，仅以文字呈现结果不够说服力，于是又在提示词中加入"给我将历年母婴市场的变化、产品类别做成柱状图，以 html 格式生成"。DeepSeek 很快又给出了对应代码，如图 5-4 所示。

中国母婴产品市场研究报告（2020-2025年）初稿

一、市场规模与增长趋势

1. **整体市场规模**

   中国母婴产品市场规模近年来持续扩张。根据行业报告，2019年市场规模已接近2万亿元人民币 ①，而另一细分统计（涵盖零售、服务等领域）显示，2019年母婴商品零售市场规模达3.6万亿元，预计到2025年将突破5万亿元，年复合增长率约6%-8% ③ ⑧。尽管统计口径差异导致数据波动，但整体增长趋势显著。

2. **细分市场表现**

   - **婴幼儿食品与用品**：占据主导地位，其中婴幼儿奶粉、纸尿裤、服饰等需求稳定，高端化趋势明显。例如，婴幼儿食品市场规模预计到2025年仍将保持高速增长 ① ④。
   - **母婴家电**：新兴细分市场迅速崛起，2025年零售额预计超700亿元，年增长率达25% ⑥。
   - **智能与个性化产品**：如智能婴儿监控设备、定制化玩具等，成为创新增长点 ④ ⑤。

图5-3　DeepSeek反馈（节选）

以下是基于模拟数据的母婴市场历年规模及产品类别占比的HTML柱状图代码。您可将数据替换为实际值后使用：

```html
<!DOCTYPE html>
<html>
<head>
    <title>母婴市场数据分析</title>
    <script src="https://cdn.jsdelivr.net/npm/chart.js"></script>
    <style>
        .chart-container {
            width: 80%;
            margin: 20px auto;
        }
    </style>
</head>
<body>

<!-- 市场规模年度变化 -->
<div class="chart-container">
    <canvas id="marketSizeChart"></canvas>
</div>
```

图5-4　DeepSeek反馈（节选）

通过不断完善信息，丽丽得到了一份研究报告的雏形，最后她将这份报告投喂给 DeepSeek，让它生成了最终结论：

2025年及以后的母婴产品市场将呈现"挑战与机遇并存"的复杂格局。前景方面，尽管出生人口萎缩导致基础需求收缩，但市场仍有望通过消费升级、技术创新和政策红利实现结构性增长。一方面，政策支持（如三孩政策、育儿补贴落地）为市场注入新动力，预计2025年中国母婴市场规模将突破4.68万亿元，并持续向高端化、智能化方向转型。新一代父母（90后、00后）对科学育儿、健康安全的重视推动细分领域爆发，例如智能母婴家电（如AI育儿助手、紫外线消毒设备）市场规模预计2028年超1000亿元，有机食品、定制化服务需求激增。此外，下沉市场通过电商渗透和消费升级逐步释放潜力，三、四县城市或成增长引擎。

发展难点则集中在以下方面。

1. 需求端压力：出生率持续下滑直接压缩市场增量，存量竞争加剧倒逼企业转向差异化创新。例如，婴幼儿奶粉、纸尿裤等刚需品类面临同质化竞争，需通过技术突破（如柔性切削胚芽米工艺）或精准用户画像突围。

2. 成本与利润挤压：原材料价格上涨、研发投入增加叠加全球经济波动，进一步压缩企业利润空间，中小品牌生存压力显著。

3. 监管与合规风险：政策对产品质量和安全要求趋严（如婴幼儿配方乳粉标签新规），企业需平衡创新与合规成本，数据隐私和AI技术滥用风险亦成隐忧。

4. 渠道与用户黏性挑战：传统零售渠道萎缩，线上竞争白热化，企业需通过O2O融合、直播种草、IP联名等多元策略提升用户黏性。

总体而言，市场需在"精细化运营、技术赋能、政策响应"中寻找平衡，通过深耕细分场景（如早教、健康食品）、强化绿色转型（环保材料）和全渠道服务能力，方能在人口红利消退的背景下实现可持续增长。

就这样，一份有调查、有数据、有图表、有结论的研究报告就做出来了。

5.1.3 工作汇报/总结

在当今快节奏的职场环境中，工作汇报是职场人士频繁且必不可少的任务之一。然而，撰写工作汇报往往需要投入大量的时间和精力，从收集数据、整理思路到撰写文本，每一个环节都可能耗费数小时甚至数天。对于许多职场人士来说，这不仅是一种负担，也常常成为工作效率的瓶颈。

对擅长文本创作的DeepSeek来说，这并非什么难事。

在使用DeepSeek生成市场研究报告时，建议采用以下结构化提示词公式，通过精准引导提升内容质量：

【提示词公式】

［角色定位］+［核心任务］+［关键成果］+［价值升华］+［下一步计划］

【示例】

作为数字化转型项目负责人，在Q1完成供应链系统升级，实现订单处理效率提升40%，库存周转率优化28%。该成果验证了AI预测模型在动态需求响应中的有效性，下一步将推进跨部门数据中台建设，预计Q3前完成5大业务场景的智能决策模块部署。

根据这一提示词公式，房产销售员小王完成了提示词的设计：

角色定位：地产销售专员

核心任务：负责特定区域的楼盘销售工作，包括客户接待、需求分析、销售谈判以及售后服务

关键成果：在过去三个月内，成功完成了15套房产的销售，总销售额达到3000万元，客户满意度达到90%以上，同时通过精准的市场定位和营销策略，将该区域的楼盘销售业绩提升了20%

价值升华：通过专业的销售技巧和优质的服务，不仅为公司带来了显著的经济效益，还提升了公司在当地市场的品牌形象和客户口碑，为后续项目的销售奠定了坚实的基础

下一步计划：继续深耕该区域市场，拓展客户资源，计划在未来三个月内再完成20套房产的销售，并进一步优化销售流程，提高客户满意度至95%以上，同时积极参加行业培训，提升自身的专业素养和销售能力。

小王将提示词输入DeepSeek，很快就得到了一份工作汇报模板，如图5-5所示。

工作总结与工作汇报在职场中都是非常重要的文档形式，它们在目的、内容结构和侧重点上存在部分差异，因此在提示词上应当有所区别。

工作总结的提示词公式可以增加为：

［角色定位］+［核心任务］+［关键成果］+［问题与不足］+［改进措施］+［下一步计划］

［问题与不足］：在工作中遇到了［具体问题］，分析其原因是［具体原因］，这些问题在一定程度上影响了［具体方面］。

> **工作汇报：地产销售专员（XX区域）**
> **汇报时间：XX年XX月XX日**
>
> **一、工作概述**
>
> 作为XX区域的专职地产销售专员，我始终以客户需求为核心，围绕楼盘销售全流程开展工作，包括客户接待、需求分析、销售谈判及售后服务等环节。过去三个月，通过精准的市场策略与高效的执行力，超额完成销售目标，同时助力区域业绩与品牌口碑双提升。
>
> **二、核心任务完成情况**
>
> 1. **客户接待与需求分析**
>   - 累计接待客户200+组，通过专业沟通快速挖掘客户核心需求（如户型偏好、预算范围、购房用途等），建立个性化服务档案。
>   - 针对不同客户群体（如刚需家庭、投资客等）制定差异化推介方案，提升转化效率。

图5-5 DeepSeek反馈（节选）

［改进措施］：针对上述问题，计划采取［具体改进措施］。

只需增加这两点，DeepSeek便会根据我们的提示词为我们一份工作总结的文本模板。

5.1.4 可行性报告

撰写可行性研究报告是职场写作中的重要任务，但也存在诸多难点。首先，报告需要涵盖市场分析、技术评估、经济可行性、法律合规性、组织管理计划、环境影响评估、风险评估与管理以及实施计划等多个方面。这要求作者具备跨学科的知识背景和综合分析能力，以确保报告的全面性和准确性。其次，报告的撰写需要大量的数据支持，包括市场调研数据、技术参数、财务数据等，这些数据的收集和整理往往耗时费力。此外，报告的逻辑性和说服力至关重要，需要通过严谨的分析和论证，使决策者信服项目的可行性和价值。

有了DeepSeek的帮助，这些难点可以得到有效缓解。DeepSeek能够根据用户提供的项目背景和要求，快速生成报告的框架和内容。例如，用户可以指定报告的类型、目标、主要分析维度等信息，DeepSeek 将基于其强大的语言生成能力和数据处理能力，生成一份结构完整、内容丰富的初稿。这不仅可以节省大量的时间和精力，还能确保报告的格式规范、逻辑清晰。此外，DeepSeek 还可以根据用户反馈进行内容的优化和调整，进一步提高报告的质量。

【提示词公式】

［行业/项目关键词］+［报告目的］+［分析维度］+［数据约束］+［格式要求］

【示例】

智能仓储物流项目可行性研究，用于政府专项债申报，需包含技术方案、经济可行性、社会效益分析，数据覆盖五年后的预测值，生成带财务测算表的初稿。

刘经理是重庆某连锁火锅品牌的负责人之一，过年前后公司考察了武汉市场，打算在武汉开一家分店，现在他需要为公司做一份可行性研究报告。

根据提示词公式，刘经理设计好了这样一段提示词：

连锁火锅品牌跨省扩张，用于投资决策，分析武汉市场可行性，需包含：

1. 目标客群（25—40岁）消费习惯；
2. 核心商圈（楚河汉街、光谷）竞争格局；
3. 供应链成本（食材采购+冷链运输）；
4. 盈亏平衡点测算。数据引用武汉市统计局2023年报、美团研

究院2024一季度数据,生成带单店投资回报表的可行性研究报告,要求内容可以转成PPT

将这段提示词输入DeepSeek,他得到了一份可行性研究报告的初稿,如图5-6所示。

连锁火锅品牌武汉市场可行性研究报告

数据来源:武汉市统计局2023年报、美团研究院2024Q1数据

1. 目标客群分析(25-40岁)

消费特征:

- **人口基数**:武汉市25-40岁人口占比32.7%(2023年常住人口1,372万)
- **消费能力**:月均餐饮支出1,200-1,800元(武汉市统计局2023年城镇居民人均可支配收入65,432元)
- **偏好标签**(美团2024Q1):
  - 社交聚餐(68%选择火锅)
  - 线上团购(82%通过平台预订)
  - 健康需求(57%关注食材新鲜度)
- **客单价敏感度**:70-120元接受度最高(占比76%)

2. 核心商圈竞争格局

指标	楚河汉街	光谷商圈

图5-6 DeepSeek反馈(节选)

考虑到刘经理最终需要以PPT形式展示内容,DeepSeek甚至在报告结尾给出了PPT设计建议:

封面：品牌LOGO+武汉地标图

目录页：4大模块导航

数据页：多用柱状图/饼图（消费偏好、成本结构）

对比页：商圈竞争表格+地图标注

财务页：投资回报表+盈亏平衡公式

结论页：红绿灯风险评估+战略建议

只需几分钟，一份可行性研究报告就呼之欲出了，DeepSeek的魔力可见一斑。

5.2 如何用DeepSeek写作各类商业文案

在商业文案写作过程中，创作者们常常会遇到各种棘手的难点，使得整个创作过程既费时又费力，还可能面临文案吸引力不足的尴尬局面。一方面，创意的构思需要在海量的信息中筛选灵感，稍有不慎就会陷入俗套，难以在竞争激烈的市场中脱颖而出；另一方面，对目标受众的需求把握不够精准，导致文案内容与用户痛点脱节，无法引发情感共鸣，自然也就难以驱动用户采取行动。

此外，文案的优化与调整往往需要反复打磨，从语言表达的流畅性到逻辑结构的合理性，每一个细节都可能影响最终的传播效果。而借助DeepSeek等智能写作工具，创作者可以轻松解决这些问题。它能够快速分析海量成功文案的内在规律，为创作者提供丰富的创意启发和精准的用户洞察。同时，通过智能算法对文案进行优化建议，大大提升创作效率和文案质量，让商业文案既省时省力又充满吸引力。

5.2.1 硬广型文案

不管是传统媒体还是自媒体都离不开"带货"二字，只不过广告载体发生了变化。既然是带货，免不了要做产品推广，而文案则是直接影响效果的一大关键。

产品推广类文案写作技巧在于精准定位目标受众，深入了解他们的需求痛点和消费习惯，从而针对性地突出产品能解决的问题。要巧妙融入产品独特卖点，用通俗易懂且富有感染力的语言表述，避免专业术语堆砌。善用情感共鸣，通过讲述用户故事或场景描绘，让受众产生代入感。同时，制造紧迫感与稀缺感，如限时优惠、库存有限等话术，刺激用户尽快行动。最后，以清晰明确的Call to Action（行动号召）结尾，引导用户下一步操作，如点击链接、咨询详情或直接购买，从而有效提升产品推广文案的吸引力和转化率。

产品推广类文案的写作核心逻辑是：【找准目标客户痛点】→【给出解决方案】→【信任背书】→【行动号召】。

根据这一核心逻辑，我们可以设计如下提示词结构模板：

【场景痛点】+【产品亮点】+【数据/证明】+【限时优惠】

套用这一模板，我们可以借助DeepSeek，根据产品及营销计划设计出各种不同的爆款产品推广文案。

第三部分 进阶实战——DeepSeek 制霸全领域

1. 某款肩劲按摩仪的文案：

连续伏案3小时后脖颈刺痛像针扎？办公室抽屉里常备的XX肩颈按摩仪正是为久坐族量身定制！搭载专利3D仿生按摩机芯，精准还原中医推拿揉/捏/压三重手法，配合超导石墨烯热敷层5秒速热至42℃，实测92%上班族午休15分钟即缓解肌肉劳损。现在下单立享早鸟三重礼：①直降200元破冰价仅599元 ②前100名赠价值198元助眠颈枕 ③晒单再返50元红包！活动仅剩最后48小时，已有357位白领抢先解锁『把按摩科搬进工位』的治愈体验，点击下方立即释放肩颈压力！

2. 某品牌吸奶器文案

"凌晨两点，宝宝饿得哭闹不止，而我却因乳腺炎疼到发抖……直到遇到这款吸奶器！双边同步吸奶，10分钟就能收集200ml黄金母乳，智能变频模式像宝宝吮吸般温柔，乳头疼痛直降50%！三甲医院产科护士长亲测推荐，欧盟CE认证材质，连背奶妈妈都夸'能放进迷你包包'！现在下单即赠30个储奶袋＋便携清洁刷，直播间前100名加送防溢乳垫！点击下方链接，让每个哺乳妈妈都能睡整觉！"

产品推广文案是连接产品与消费者的关键桥梁。无论是传统媒体还是自媒体，文案的核心作用始终是打动消费者，促使其采取购买行动。掌握产品推广文案的写作技巧，结合DeepSeek等智能工具，创作者能够更高效地生成爆款文案，提升推广效果。在竞争激烈的市场中，优质的文案不仅是产品的宣传工具，更是品牌与消费者之间建立信任和情感联系的重要纽带，它能够帮助产品在众多竞品中脱颖而出，赢得消费者的青睐与忠诚。

5.2.2　故事型文案

在内容为王的时代，无论是品牌宣传还是个人创作，都离不开故事型文案。它以情节和人物为依托，将产品或理念融入其中，让受众在享受故事的同时，潜移默化地接受信息。然而，创作一篇引人入胜的故事型文案并非易事，需要掌握一定的技巧和方法。下面，我们将结合 DeepSeek 这一智能写作工具，为大家详细讲解如何打造爆款故事型文案。

一个精彩的情节是故事型文案的核心。创作者需要精心设计开头、中间和结尾，制造冲突、悬念和转折，使故事跌宕起伏，紧紧抓住受众的心。例如，以一个神秘的发现作为开头，引发读者的好奇心；中间设置重重困难和挑战，增加故事的张力；结尾则巧妙地解决问题，给人以满足感和启发。

人物是故事的灵魂。通过细腻的描写，赋予人物独特的性格、外貌和背景，让读者能够清晰地感受到他们的喜怒哀乐，仿佛他们就生活在自己身边。人物的成长和转变也是故事的重要组成部分，能够引发读者的情感共鸣。

巧妙地将产品或理念融入故事，避免生硬的广告植入。可以是主角使用产品解决问题，也可以是产品特性在情节中自然体现，让读者在不知不觉中了解产品优势，从而达到推广目的。

运用细节描写，包括环境、场景、人物动作和对话等，使读者仿佛身临其境，增强故事的可信度和感染力。同时，注意语言的口语化和生活化，让读者更容易接受和理解。

故事型文案的写作核心逻辑是：构建引人入胜的情节→塑造鲜明的人物形象→融入产品或理念→营造真实感和代入感。

提示词结构模板：【故事背景】+【人物设定】+【冲突与挑战】+【产品/理念融入】+【结局与启示】

借助 DeepSeek 生成爆款故事型文案。

1. 某户外运动手表的文案

在人迹罕至的深山中，探险爱好者小李正经历着一场生死考验。他不慎迷失方向，遭遇恶劣天气，手机信号全无。幸运的是，他手腕上的 ×× 户外运动手表成为他的得力助手。这款手表具备精准的 GPS 定位功能，即使在深山密林中也能迅速锁定位置；其海拔气压计、指南针和温度计等多种功能，为小李提供了全面的环境数据，帮助他制定合理的逃生计划；50 米防水设计，无惧山间溪流和暴雨。小李依靠手表的指引，成功走出深山，重获新生。×× 户外运动手表，不仅是探险工具，更是生命的守护者，陪伴你探索未知，挑战极限。

2. 某品牌环保袋的文案

在繁华都市的角落，环保志愿者小张默默坚守着自己的信念。她每天穿梭在大街小巷，向人们宣传环保知识，发放自己制作的环保袋。这个环保袋看似普通，却有着不凡的来历。它采用 100% 可降解材料制作，坚固耐用，可重复使用上百次；独特的折叠设计，方便携带，轻松放入口袋；时尚的外观图案，由环保艺术家亲自绘制，彰显个性。小张的故事被媒体报道后，越来越多的人加入环保行列，使用××品牌环保袋成为一种时尚潮流。选择××环保袋，就是选择一种绿色生活方式，为地球贡献自己的一份力量。

故事型文案以其独特的魅力，在信息传播中占据重要地位。通过掌握写作技巧，运用核心逻辑构建故事，并借助DeepSeek等智能工具，创作者能够更高效地生成爆款文案，让产品或理念在故事中得以生动呈现，从而打动受众，实现传播和推广的目标。在竞争激烈的内容创作领域，优质的文案不仅是创作者的骄傲，更是品牌与消费者之间建立深厚情感联系的桥梁，它能够帮助品牌在众多竞品中脱颖而出，赢得消费者的认可与支持。

5.2.3 热点型文案

信息爆炸时代，新闻热点型文案成了品牌和创作者吸引流量、提升关注度的重要手段。它借助当下热门事件或话题的热度，巧妙地将产品、服务或观点融入其中，实现信息的高效传播和用户的深度参与。然而，创作一篇既贴合热点又能有效传递信息的文案并非易事，需要掌握特定的技巧和方法。以下，我们将结合DeepSeek这一智能写作工具，为大家详细解析如何打造爆款新闻热点型文案。

新闻热点型文案的核心在于时效性，创作者需要时刻关注时事新闻、社交媒体热点话题、行业动态等，筛选出具有广泛关注度和讨论度的事件作为文案素材。例如，重大节日、体育赛事、娱乐明星动态、科技创新发布等，都是潜在的热点来源。

在众多热点事件中，要找到与自身产品或品牌相契合的切入点，使产品自然地融入热点话题中，避免生硬的广告植入。比如，若热点是夏季高温天气，对于一家销售户外便携制冷设备的品牌，就可以从防暑降温的角度切入，介绍产品如何帮助用户应对高温。

新闻热点型文案的生命在于时效性，因此在文案中要明确体现事件的当前热度和紧迫性，促使用户尽快关注和采取行动。可以使用如"刚刚发生""正在热议""限时参与"等词汇，增强文案的即时吸引力。

作为新闻热点型文案，必须基于事实，保持客观真实，避免虚假夸大或误导性信息。同时，语言表达要专业规范，符合新闻报道的风格，增加文案的可信度和权威性。

新闻热点型文案的写作核心逻辑

敏锐捕捉热点事件→找准切入点与产品关联→突出时效性和紧迫感→保持客观真实与专业性

提示词结构模板：

【热点事件】+【产品关联】+【时效性】+【行动号召】

借助 DeepSeek 生成爆款新闻热点型文案：

1.某智能学习平板的文案

近期，高考成绩放榜，学霸们的备考故事成为社会热议焦点。××智能学习平板助力广大学子圆梦理想大学！这款平板内置权威教育机构的精品课程与真题解析，智能错题本精准定位知识薄弱点，

AI智能辅导老师24小时在线答疑。根据权威教育科技评测机构数据，使用××智能学习平板的学生，数学成绩平均提升15分，英语成绩平均提升20分，语文成绩平均提升10分。现在购买，即享高考季专属优惠：立减300元，另赠价值299元的名师高考复习音频课！活动仅限高考结束后的30天内，助你轻松开启学霸模式，点击下方链接开启智能学习之旅！

2. 某品牌防晒喷雾的文案

随着夏日高温来袭，防晒成为人们出行的必备功课。××品牌防晒喷雾成为这个夏天的防晒新宠！其采用先进的纳米防晒技术，SPF50＋PA＋＋＋＋的强大防护力，能够有效阻挡99%的紫外线，防水防汗配方，即使在海边畅游也不怕晒伤。轻盈质地，喷雾细腻均匀，上身无黏腻感，仿佛给肌肤穿上一层invisible的防护衣。据美妆博主实测，使用××防晒喷雾后，皮肤晒后依旧水润白皙，无黑化、无斑驳。现正值品牌暑期促销活动，购买防晒喷雾满100元减20元，满200元减50元，再送同品牌保湿面霜一支！活动截止本月底，让你轻松抵御夏日骄阳，点击下方链接，守护肌肤健康。

新闻热点型文案借助热点事件的东风，能够快速吸引用户关注，实现信息的广泛传播。通过掌握上述写作技巧，运用核心逻辑构建文案，并借助DeepSeek等智能工具，创作者能够更高效地生成爆款文案，让产品或品牌在热点话题中崭露头角，实现流量的高效转化。在信息竞争激烈的当下，优质的新闻热点型文案不仅是创作者的制胜法宝，更是品牌与大众建立联系、提升知名度和美誉度的关键桥梁，它能够帮助品牌在热点浪潮中乘风破浪，赢得用户的关注与信任。

5.2.4 知识干货型文案

借助 DeepSeek 写作知识类文案之前，我们要深入分析目标受众的知识水平、学习需求和痛点，明确他们希望从文案中获得哪些具体的知识和技能。例如，对于职场新人，可能需要基础的办公软件操作技巧；对于创业者，可能关注市场分析和融资策略等方面的内容。

知识干货型文案的核心在于逻辑清晰、条理分明。可以采用总分总、层层递进、问题解决等结构方式，将知识内容有条理地呈现出来。每个部分都要有明确的小标题，概括主要内容，方便读者快速浏览和理解。

知识干货类文案避免使用过于复杂和晦涩的术语，尽量用通俗易懂的语言表达专业知识，使读者能够轻松理解。同时，注意语句的简洁性，避免冗长的句子，提高信息传递的效率。为了增强文案的实用性和可信度，我们可以结合实际案例，展示知识在具体情境中的应用，同时，推荐相关的学习资源、工具和技巧，帮助读者更好地掌握和应用所学知识。

知识干货型文案的写作核心逻辑是：精准定位知识需求→构建清晰逻辑结构→运用简洁明了的语言→丰富案例与实用工具推荐

提示词结构模板：【知识领域】+【受众需求】+【核心知识点】+【案例/工具】

DeepSeek 生成爆款知识干货型文案。

1. 某职场沟通技巧的文案

在职场中，沟通不畅是导致工作效率低下和团队冲突的主要原因之一。××职场沟通技巧指南，助你成为团队沟通达人！首先，掌握积极倾听的技巧，包括保持眼神接触、点头示意、适时回应等，让对方感受到被尊重和理解。其次，学会用"我"语言表达自己的观点和感受，避免指责和批评，减少对方的抵触情绪。例如，在提出不同意见时，可以说"我有一些不同的想法，希望我们能一起讨论"，而不是"你这样做完全错了"。最后，运用非暴力沟通的框架，明确表达自己的观察、感受、需求和请求，使沟通更加顺畅有效。根据职场专家的调查研究，掌握这些沟通技巧的员工，工作效率平均提升30%，团队满意度提高40%。现在关注我们的公众号，回复"沟通技巧"，获取免费的沟通技巧思维导图和练习题，让你快速提升职场沟通能力！

2. 某品牌摄影教程的文案

摄影爱好者们，是否总觉得自己拍的照片缺乏专业感？××摄影教程，带你从零基础走向摄影大师！教程涵盖相机基础知识、构图技巧、光线运用、后期处理等核心内容。例如，在构图方面，教你如何运用三分法、引导线、框架构图等技巧，让照片更具视觉冲击力；在光线运用上，详细讲解黄金时段的光线特点和拍摄技巧，让你的照片拥有梦幻般的光影效果。同时，教程还提供丰富的拍摄案例和实战练习,帮助你巩固所学知识。据统计,学习本教程的学员,作品入选率提高 50%,摄影水平得到显著提升。现在购买教程,即送价值 199 元的摄影后期软件 XX,前 200 名学员还可加入摄影学习交流群,与专业摄影师一对一交流!活动仅限本月底,点击下方链接开启你的摄影之旅,记录生活中的每一个美好瞬间!

知识干货型文案以其实用性和高效性,在知识传播领域发挥着重要作用。通过精准定位受众需求,构建清晰逻辑结构,运用简洁语言,并结合丰富案例和工具推荐,创作者能够打造出真正有价值的干货文案。借助 DeepSeek 等智能工具,创作者可以更高效地生成优质内容,满足用户在不同领域的知识学习需求,帮助他们在竞争激烈的知识市场中脱颖而出,赢得用户的认可和信赖。

5.2.5 情感共鸣型文案

真实的故事往往最能打动人心。如果要写作情感共鸣类文案,创作者需要深入挖掘现实世界中的真情实感中,无论是自己的亲身感受,还是他人的感人故事,都可以成为文案的素材。通过细腻的笔触,将故事中的情感细节呈现出来,让读者感受到故事的真实性,从而更容易产生共鸣。

情感共鸣型文案的核心在于情感的细腻刻画。运用丰富的形容词、比喻、拟人等修辞手法,生动形象地描绘人物的内心世界,使读者能够深刻体会到故事中蕴含的喜怒哀乐。例如,描写母爱时,可以写"母亲的目光像温暖的阳光,轻轻洒在我身上,每一个眼神都充满了无尽的关怀与牵挂"。

让读者产生代入感是情感共鸣的关键。通过设置具体的场景、人物和情节，使读者仿佛置身故事之中，成为其中的一员。例如，"在那个下着雨的夜晚，孤独的他走在空旷的街道上，心里充满了对未来的迷茫和不安"，这样的描写容易让读者联想到自己曾经的类似经历，进而产生情感共鸣。

在文案结尾部分，我们要对情感进行升华，点明故事所传达的深刻意义和价值观念。同时，结合明确的行动号召，引导读者将情感体验转化为实际行动。比如，"如果你也被这份母爱所感动，那么不妨现在就给妈妈打个电话，告诉她你有多爱她"。

情感共鸣型文案的写作核心逻辑是讲述真实故事→细腻情感描写→引发代入感→情感升华与行动号召

提示词结构模板：【情感主题】+【真实故事】+【情感细节】+【行动号召】

借助DeepSeek生成爆款情感共鸣型文案。

1.某亲情主题的文案

在那个偏远的小山村里，年迈的母亲每天都会站在村口的老树下，望着远方的城市，等待着儿子的归来。她的儿子为了追求梦想，独自一人去了大城市打拼，留下她独自在家中。母亲的爱却从未因此而减少，她用粗糙的双手，为儿子织了一件又一件温暖的毛衣，每一针每一线都充满了对儿子的思念。××亲情主题公益活动，邀请你一起关注留守母亲，为她们送去一份温暖和关怀。现在参与活动，即可获得由知名作家亲笔撰写的亲情散文集一本，让我们一起用行动传递爱，让母亲们不再孤单。

2.某爱情主题的文案

"我爱你"这三个字，他说了整整二十年。从青春年少到两鬓斑白，他们的爱情经历了风雨的洗礼，却依然坚如磐石。在贫困的日子里，他们相互扶持，共同面对生活的艰难；在幸福的时光中，他们彼此珍惜，享受着每一个平凡而又美好的瞬间。××婚庆珠宝品牌，见证无数情侣的爱情故事，推出"永恒之爱"系列对戒。采用稀有的玫瑰金材质，镶嵌璀璨的钻石，象征着爱情的永恒与坚定。购买对戒的情侣，还将获得免费的婚庆策划服务，让你们的爱情在这一刻得到最完美的诠释。点击下方链接，开启你们的幸福之旅，让爱情在时光中绽放永恒的光芒。

情感共鸣型文案以其强大的情感感染力，在内容创作领域独树一帜。通过讲述真实故事，细腻描绘情感，引发读者代入感，并在结尾进行情感升华和行动号召，创作者能够打造出直击人心的文案作品。借助 DeepSeek 等智能工具，创作者可以更高效地生成高质量的情感共鸣型文案，让品牌与消费者之间建立起深厚的情感纽带，实现信息的有效传递和品牌的长远发展。

5.3 DeepSeek 的高效办公技巧

职场中，重复、机械式的办公任务让人不胜其烦。无论是制作 PPT、整理表格，还是整理各种会议纪要、处理邮件，这些烦琐的工作不仅耗费大量时间和精力，还容易让人陷入疲惫和倦怠，极大地降低了工作效率和创造力。

然而，随着 DeepSeek 等 AI 工具的出现，这一切正在发生改变。下面，让我们一起看看 DeepSeek 如何帮助我们高效完成工作。

5.3.1 DeepSeek 快速生成 PPT

在智能辅助工具出现之前，制作 PPT 并没有什么捷径，无非是选好模板后，再一点点地填充内容，制作特效。DeepSeek 等 AI 工具的出现，彻底颠覆了这种作业模式。

在前一章我们讲过如何用 DeepSeek 辅助撰写市场调查报告，现在我们以此为例，演示一遍 DeepSeek 如何从零开始生成一份市场调查报告的 PPT。

我们以"2025 年轻食市场调查报告"为主题，先让 DeepSeek 结合我们的需求生成一份可以制成 PPT 的文本。

第一步：由于本节重点是如何用 DeepSeek 快速生成 PPT 内容，这里我们可以简化提示词为：请给我一份 2025 年轻食时长调查报告，要求内容适合制成 PPT。DeepSeek 生成文本如图 5-7 所示。

第二步：我们将 DeepSeek 生成的内容复制或保存为格式文本，然后借助其他 AI 智能体一键生成 PPT，这里以 Kimi 网页版为例。

点击 Kimi 网页左侧的工具栏"Kimi+"按钮，可以直接找到"PPT 助手"，如图 5-8 所示。

第三步：将内容复制或上传至对话框，完成后点击"一键生成 PPT"，如图 5-9 所示。

第四步：选择 PPT 模板并根据需求和喜好自定义风格，点击"生成 PPT"，如图 5-10。

只需等待 AI 自动生成，我们就能得到一份完整的 PPT，接下来，我们可

> **一、市场规模**
>
> **1. 轻食餐厅市场**
> - 2025年预测规模：
>   - 整体轻食餐厅市场规模预计突破2000亿元，年复合增长率约15% ① ④ 。
>   - 细分品类中，沙拉、健康简餐占比超60%，中式轻食增速最快（年增25%） ③ ⑤ 。
> - 区域分布：
>   - 一线城市占比45%，二线及下沉市场增速达30% ③ ⑤ 。
>
> **2. 代餐轻食市场**
> - 2025年预测规模：
>   - 中国代餐轻食市场规模预计达3534.9亿元，年增速30% ② ⑦ 。
>   - 功能代餐（减肥、增肌）占比超50%，日常代餐增速显著（年增25%） ② ⑥ 。
> - 消费群体：

图5-7　DeepSeek反馈（节选）

以根据需要直接下载或重新编辑PPT，使它更符合你的要求。

整个过程耗时不到两分钟，这就是AI的效率。

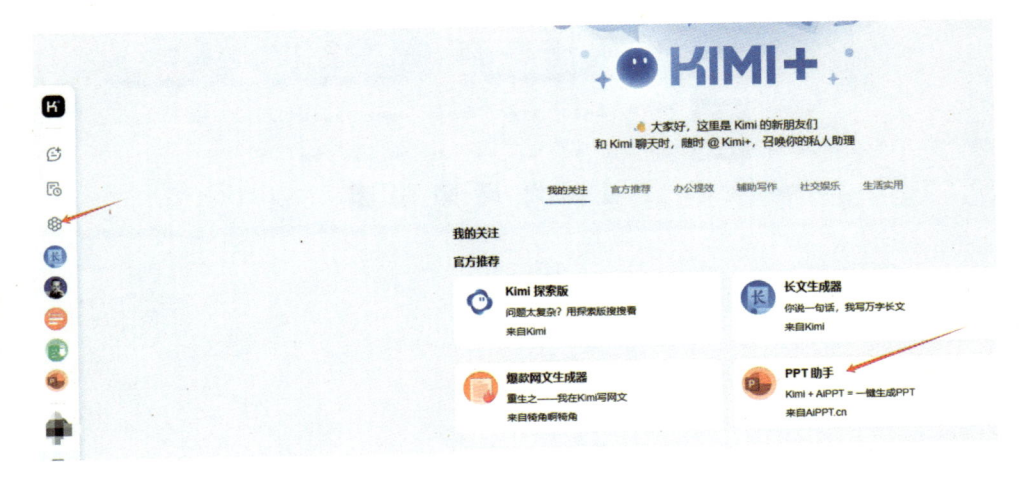

图5-8

5.1 战略重点与发展方向

- 聚焦差异化产品（如区域特色轻食）、强化供应链韧性、布局下沉市场，提升品牌竞争力与市场覆盖范围。
- 品牌需结合自身优势与市场趋势，制定差异化战略，提升品牌核心竞争力，实现可持续发展。

5.2 数据来源与报告参考

- 数据来源于中研网、原创力文档等行业报告，引用编号对应原文链接，为分析提供可靠依据。
- 行业报告为市场分析提供数据支持与趋势洞察，品牌需关注行业动态，及时调整战略，把握市场机遇。

图 5-9

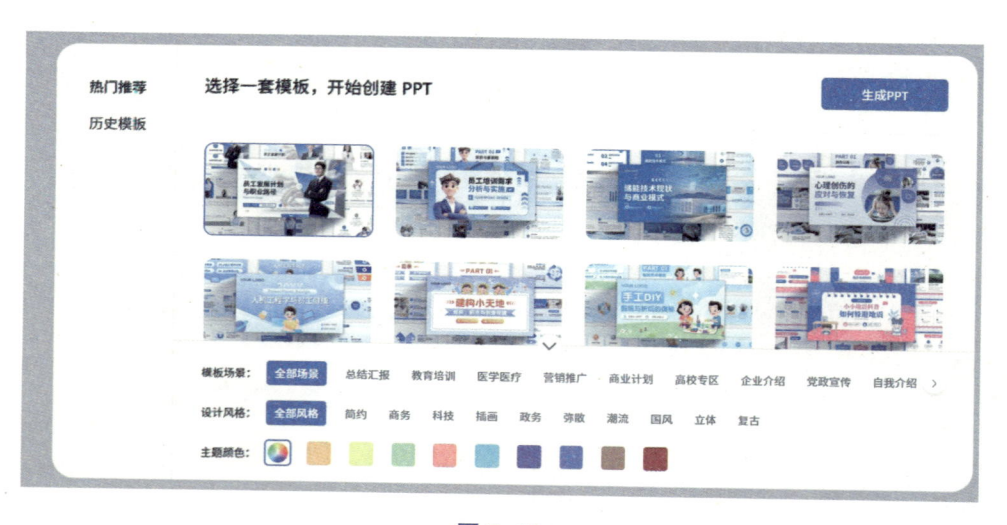

图 5-10

5.3.2 DeepSeek 快速生成思维导图

思维导图能够将复杂的内容以清晰可视化的导图形式呈现出来，日常工作中我们也经常会用到。利用 DeepSeek+思维导图制作工具，我们可以很快做出一份思维导图来。

我们可以通过上传文件或直接问 DeepSeek 来获得思维导图的内容。

比如，输入"给我梳理一下 AI 发展历史，并生成思维导图的 Markdown 格式输出"。

DeepSeek 输入内容如图 5-11。

```markdown
# AI发展史思维导图

```mermaid
graph TD
    A[人工智能发展史] --> B[萌芽期 1943-1955]
    A --> C[形成期 1956-1973]
    A --> D[寒冬期 1974-1980]
    A --> E[复兴期 1981-1992]
    A --> F[发展期 1993-2005]
    A --> G[深度学习时代 2006-2017]
    A --> H[AGI探索期 2018-至今]

    B --> B1(1943 麦卡洛克-皮茨神经元模型)
    B --> B2(1950 图灵《计算机器与智能》)
    B --> B3(1955 达特茅斯会议筹备)

    C --> C1(1956 达特茅斯会议正式提出AI概念)
    C --> C2(1958 感知机模型诞生)
    C --> C3(1966 ELIZA聊天程序)
    C --> C4(1972 PROLOG逻辑编程语言)
```

图 5-11 DeepSeek 反馈（节选）

有了代码之后，我们可以用豆包制作一份简单的思维导图：将代码直接复制到豆包的对话框中，然后要求它生成思维导图。

得到的效果如图 5-12 所示。
```

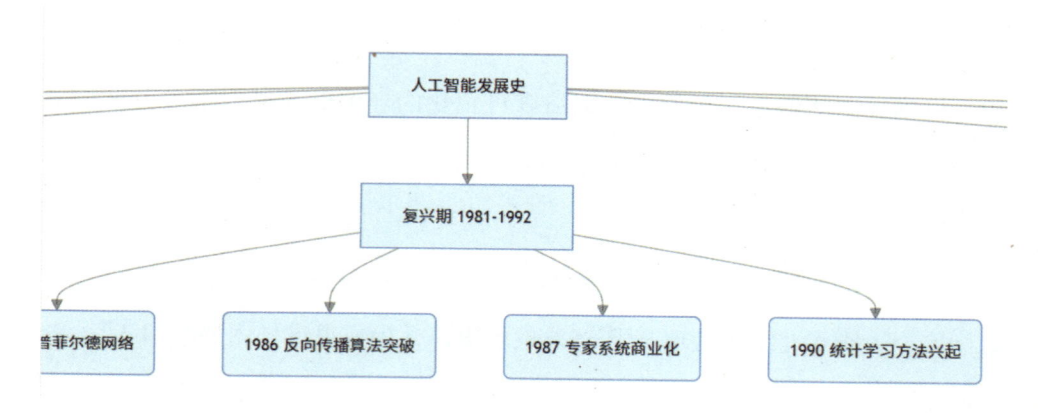

图5–12　豆包反馈（节选）

这种简单的思维导图适合我们处理复杂文件，它可以帮助我们迅速进行可视化的分类。

如果要做成更专业的思维导图，我们可以借助xmind等软件。具体操作方法如下。

1. 将复制下来的代码在新建文本文档中保存为md格式，文件类型选择"所有类型"。如图5–13所示。

图5–13

2. 打开xmind，创建一个空白思维导图，在左上角按钮中选择"文件–导入–markdown"（如图5–14）。这样就能得到一份更加专业的思维导图。

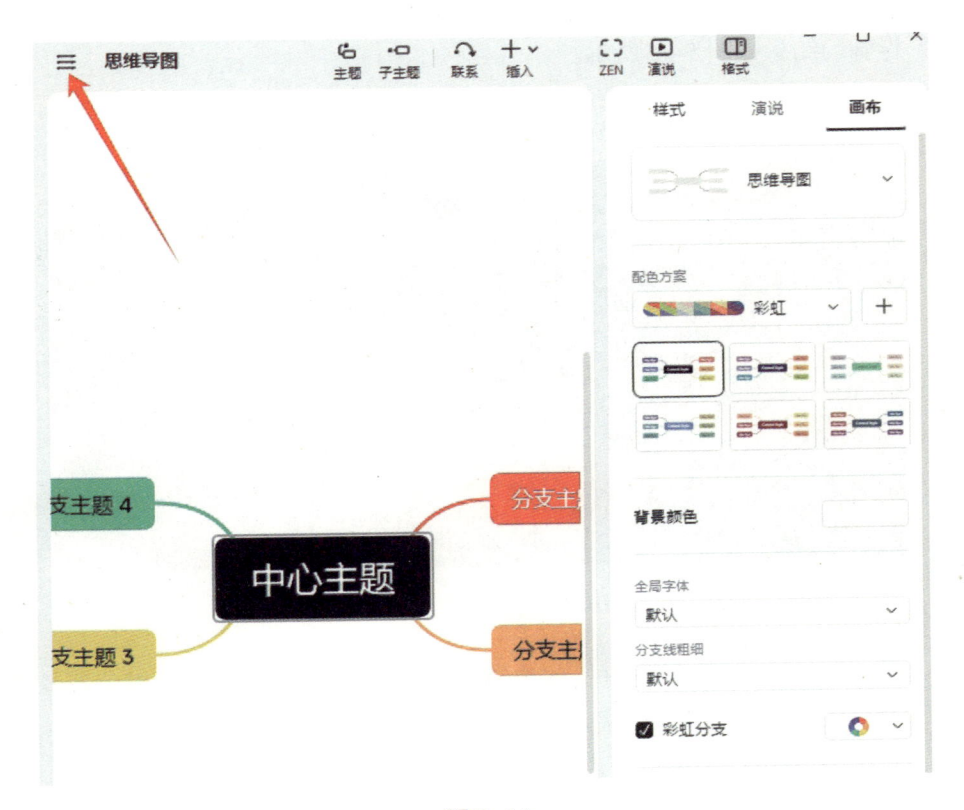

图 5-14

5.3.3 DeepSeek 制作表格及应用

DeepSeek 不能直接生成 Excel 表格，但是它拥有强大的数据汇总和清洗能力，所以将数据交给 DeepSeek 同样能够解决表格问题。

我们以"河北省 2023 年各城市 GDP 数据"为例，（如果是工作数据，可以将文档提交 DeepSeek，让其汇总数据）。

第一步：我们让 DeepSeek 快速生成一个表格，以 Markdown 格式输出，复制内容。

得到的结果如图5-15所示。

以下是河北省2023年各地级市（包括省会石家庄）的GDP数据，以Markdown格式呈现：

```
markdown                                                      复制
# 河北省2023年各地级市GDP数据

| 排名 | 城市   | GDP（亿元） | 同比增长（%） | 备注                          |
|------|--------|-------------|---------------|-------------------------------|
| 1    | 唐山市 | 9133.30     | 5.9           | 首次突破9000亿，占全省经济总量20.78% |
| 2    | 石家庄市| 7534.20    | 6.1           | 省会城市，增速全省最快        |
| 3    | 沧州市 | 4440.00     | 5.8           | 石化工业为主，位居全省第三    |
| 4    | 邯郸市 | 4382.00     | 0.83          | 钢铁产业重要城市              |
| 5    | 保定市 | 4012.00     | 3.4           | 突破4000亿，旅游业贡献显著    |
| 6    | 廊坊市 | 3608.30     | 3.8           | 京津冀协同发展重要节点        |
| 7    | 邢台市 | 2586.10     | 4.1           | 传统产业为主，增速较低        |
| 8    | 秦皇岛市| 2001.01    | 5.6           | 旅游业和港口经济为主要支柱    |
| 9    | 衡水市 | 1888.10     | 5.6           | 经济总量较小，增速中等        |
| 10   | 承德市 | 1851.70     | 5.1           | 以旅游业和农业为主            |
| 11   | 张家口市| 1842.70    | 5.1           | 经济总量较低，增速平稳        |
```

图5-15　DeepSeek反馈（节选）

第二步：打开可以将md格式内容转换成表格的应用，这里以免费软件"语雀"为例，点击左上角的"+"按钮，新建空白文档（如图5-16），将内容复制到文档中。此时软件会弹出对话框，提示检测到Markdown语法，我们点击立即转换，就能得到一份表格（如图5-17、图5-18所示）。

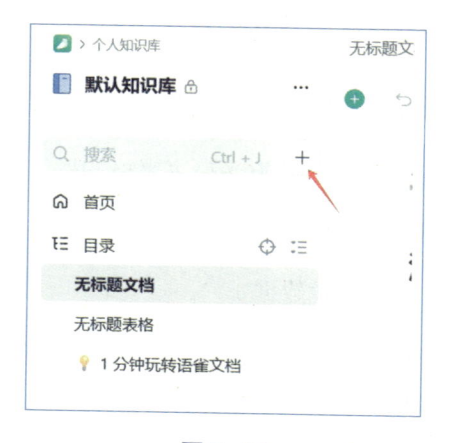

图5-16

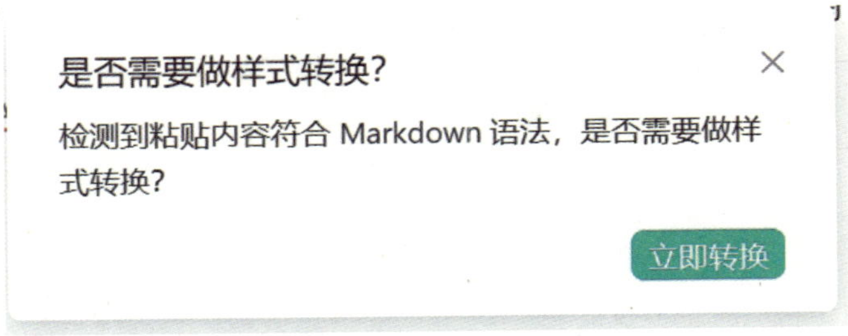

图 5-17

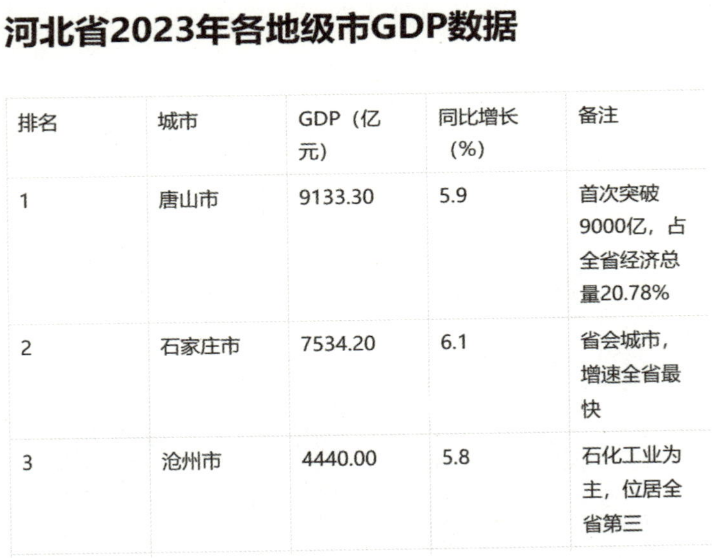

河北省2023年各地级市GDP数据

排名	城市	GDP（亿元）	同比增长（%）	备注
1	唐山市	9133.30	5.9	首次突破9000亿，占全省经济总量20.78%
2	石家庄市	7534.20	6.1	省会城市，增速全省最快
3	沧州市	4440.00	5.8	石化工业为主，位居全省第三

图 5-18 语雀反馈（节选）

接下来，我们可以利用word、WPS等工具对表格进行操作。现在WPS已接入DeepSeek，只需输入语音或者文字即可生成各种内容（需购买会员），如图5-19所示。

图 5-19

比如，我们根据这一表格数据，要求生成河北省各市 2023 年 GDP 柱状图或饼状图，DeepSeek+WPS 都能读秒生成。如图 5-20、图 5-21 所示。

接入 DeepSeek 后的 WPS 还有许多功能，依托 DeepSeek 的强大推理和算力，有时只需一句话就能解决我们头疼不已的表格难题。

图 5-20

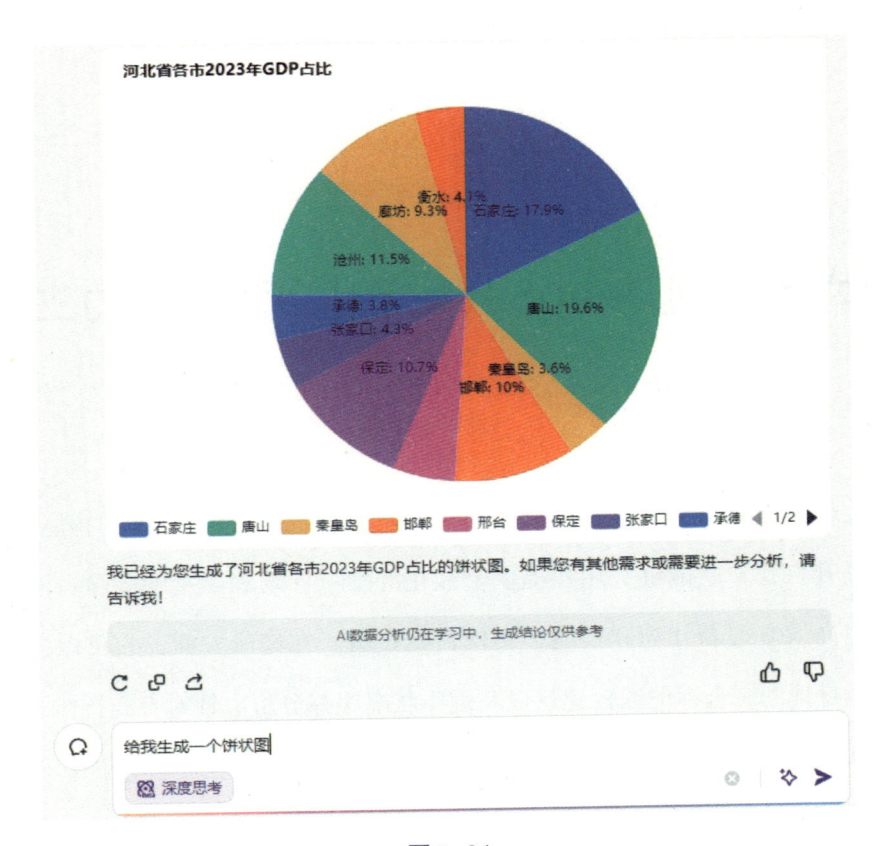

第三部分　进阶实战——DeepSeek 制霸全领域

图 5-21

第六章 用DeepSeek提升自我，助力生活

在个人成长与生活优化的道路上，DeepSeek是一位全方位的智能助手。对于提升自我，它能够为用户提供个性化的学习计划和丰富的学习资源，帮助用户高效掌握新知识和技能，实现自我突破。在健康方面，它可以提供科学的健身计划、合理的饮食建议以及健康状况跟踪分析。针对育儿，DeepSeek能依据孩子特点给出科学育儿方法和教育资源推荐。而在旅游时，它可根据用户偏好和预算规划行程，推荐景点、酒店和美食，让旅行更加轻松愉快。总之，DeepSeek通过其强大的智能能力，在多个生活领域为用户创造价值，助力用户实现自我提升和生活品质的全面升级。

6.1 DeepSeek助你迅速进入新领域

在这个数据时代，知识对普通人来说呈现出一种"既廉价又昂贵"的悖论。廉价在于，几乎任何知识都可以在互联网上轻易获得，只要一部手机或者一台电脑，你就可以看到人类文明数千年的知识成果；而昂贵则在于，

囿于思维或认知水平，一个人要将某个领域的知识内化成自己的东西相当困难。

说通俗一点，自学本就存在难度，信息过载带来的"知识眩晕"更会让人无所适从，而碎片化学习导致的知识虚胖也成了人们的认知困境。很多人都陷入了"观看即掌握""收藏即掌握"的自我欺骗中。

以 DeepSeek 为代表的 AI 正悄然掀起一股学习革命，人类对陌生知识的困惑正逐步消解。再次面对新领域，个体不再孤独，AI 可以帮助我们迅速进入。

我们以一个虚拟案例来说明 DeepSeek 如何带领我们进入陌生领域，并一步步帮助我们实现高效自学。

小张是某大学大一新生，某天，他看完电影《星际穿越》，对天文学突然来了兴趣，但他对天文学的了解仅限于"八大行星"，现在他想在大学期间自学天文学。他想到了用 DeepSeek 破局。

小张打开 DeepSeek，问出了第一个问题：

【我想了解一下天文学，至少达到业余水平，想要自学这方面的知识，你有什么好的建议？】

DeepSeek 随即给出回答。它告诉小张，自学天文学并达到业余水平是个非常有趣且富有挑战性的目标，并给出建议如何系统地学习天文学，推荐了一些入门书籍和在线资源，还有后续学习建议，如图 6-1。

小张想在三个月内迅速入门，达到业余水平，于是他又追加一句：

> 我想了解一下天文学，至少达到业余水平，想要自学这方面的知识，你有什么好的建议？

自学天文学并达到业余水平是个非常有趣且富有挑战性的目标。以下是一些建议，帮助你系统地学习天文学：

1. 基础知识

- **数学和物理基础**：天文学与物理学、数学密切相关，尤其是经典力学、电磁学和光学。建议先掌握高中或大学水平的数学和物理知识。
- **天文学入门书籍**：选择一些适合初学者的天文学书籍，如：
  - 《天文学：从入门到精通》（Astronomy: A Beginner's Guide）
  - 《宇宙》（Cosmos） by Carl Sagan
  - 《夜观星空》（NightWatch） by Terence Dickinson

2. 在线资源

- **在线课程**：许多平台提供免费或付费的天文学课程，如Coursera、edX、Khan Academy等。推⋯程：

图6-1　DeepSeek反馈（节选）

【帮我制定一个短期一个月、中期两个月、长期三个月的学习计划。】

DeepSeek迅速响应，它将三个月拆分成12周，并制定了每周计划。其中第一周计划如下：

短期计划（1个月）：打好基础

目标：掌握天文学的基本概念，熟悉夜空中的主要天体和星座。

第一周：天文学基础

● 学习内容：

○ 了解天文学的历史和发展。

○ 学习基本的天文学术语（如天体、星座、光年、视星等）。

○ 了解太阳系的结构和主要成员（太阳、行星、卫星、小行星、彗星等）。

- 资源：
  - 阅读《天文学：从入门到精通》第一章。
  - 观看 CrashCourse Astronomy 的前 5 集。
- 实践：
  - 下载 Stellarium，熟悉软件界面，尝试找到太阳系内的主要行星。

接下来，小张可以用 DeepSeek 作为学习工具，按照它制定的计划循序渐进地学习。

第一周的学习内容"了解天文学的历史和发展""学习基本的天文学术语""了解太阳系的结构和主要成员"，小张只要向 DeepSeek 发出提问，它都能够高效作答，也可以利用我们前文讲过的提问技巧，用提示词让 DeepSeek 输出更多更高质量的内容。

而且每个大问题下小张还可以提出小问题。比如小张想要了解离太阳最近的行星水星，他可以这样问：

【水星离太阳最近，它是一颗什么样的星球？】

这种不需要推理的回答小张选用了基础的 DeepSeek V3 模型，它很快给出了水星的基本信息，如图 6-2 所示。

> 水星是太阳系中**最靠近太阳**的行星，同时也是**最小**的行星（直径约4,880公里，仅为地球的38%）。以下是它的主要特征：
>
> ◼ **基本信息**
> - **距离太阳**：平均约5,800万公里（近日点约4,600万公里，远日点约7,000万公里）。
> - **公转周期**：88个地球日（绕太阳一周）。
> - **自转周期**：约58.6个地球日（自转缓慢，昼夜交替极长）。
>
> ◼ **物理特征**
> 1. **极端温度**
>   - **白天**：表面温度高达430°C（因靠近太阳且无大气保温）。
>   - **夜晚**：骤降至**-180°C**（缺乏大气层导致热量迅速散失）。
> 2. **表面环境**

图6-2　DeepSeek 反馈（节选）

小张希望保存这些资料，他又给 DeepSeek 提示词加入约束，让它用一段话描述，不要加入符号。

于是，小张得到了这样一段干净的文字笔记：

> 【水星是太阳系中离太阳最近的行星，也是最小的行星，直径约为4880公里，仅为地球的38%。它距离太阳平均约5800万公里，公转周期为88个地球日，自转周期约为58.6个地球日，因此昼夜交替非常缓慢……（节选）】

在后续学习中，DeepSeek 为小张提供了保姆式的周到服务。没有时间读完 DeepSeek 推荐的书，他就让 DeepSeek 告诉它书的大致内容，有的论文太过晦涩，他也直接交给 DeepSeek 用更通俗的话来解释。

第三部分 进阶实战——DeepSeek 制霸全领域

上述案例只为展示 DeepSeek 帮助普通人自学的能力，想要更好地利用 DeepSeek 的强大功能，我们可以根据不同阶段、不同需求设置提示词。

提示词1：【学习目标】我想学习［领域名称］，目的是［学习目的，如职业发展、个人兴趣等］，期望达到［学习程度，如入门、精通等］水平，能够在［具体应用场景，如工作中解决相关问题、进行相关创作等］。

我每周可以投入［X］小时来学习这个领域，希望在［时间期限］内取得显著进展。

提示词2：【简化梳理】请为我梳理［领域名称］的完整知识体系，从基础到高级，包括但不限于核心概念、原理、技术、方法、工具等，以清晰的结构呈现，如思维导图或大纲形式。在知识体系中，标注出各部分知识的重要程度、学习难度和相互关联，帮助我合理安排学习重点和顺序。

提示词3：【阶段计划】为我制定一份详细的学习路径规划，包括每个阶段的学习任务、目标和预期成果，以及各阶段所需的大致时间和评估方式。推荐合适的学习资源，如书籍、在线课程、视频教程、学术论文、博客等，并说明其适用的学习阶段和特点。

提示词4：【学习方法和技巧】针对［领域名称］的学习，提供有效的学习方法和技巧，如如何快速掌握基础知识、如何深入理解复杂概念、如何培养实践能力等，结合具体实例进行说明。

教我如何进行主动学习，如提问、思考、总结、应用等，以及如何运用记忆技巧提高学习效率和知识留存率。

提示词5：【实践应用】为我设计一系列实践项目或任务，覆盖不同难度层次和应用场景，帮助我在实践中巩固所学知识和提升技能水平，每个项目或任务应有明确的目标、要求、步骤和评价标准。

推荐相关的实践平台、社区或工具，供我进行实际操作和交流学习，如在线编程平台、设计软件、实验设备等，并指导我如何利用这些资源进行有效实践。

提示词6：【巩固强化】建立一套学习进度跟踪机制，帮助我定期回顾和总结学习情况，及时发现学习中的问题和不足，并进行相应的调整和优化。

提供评估方式和标准，如测试题、作业、项目评审等，对我的学习成果进行客观、全面的评估。

提示词7：【个性化调整】了解我的学习风格和偏好，如视觉型、听觉型、动手型等，以及我的背景知识和经验，根据这些信息对学习内容和方式进行个性化的调整和优化，使我能够更好地适应和接受新的知识和技能。

6.2 如何用DeepSeek写作论文

论文写作往往是一项艰巨的任务，从选题、文献综述到数据分析与降重，每一个环节都充满了挑战。然而，现在有了DeepSeek，这一过程将变得更加高效和轻松。

DeepSeek作为一款强大的AI写作工具，能够帮助研究者快速完成论文初稿的撰写。它不仅可以生成论文大纲，还能根据大纲内容快速扩写出详细的段落，助你轻松完成论文初稿。此外，DeepSeek还能帮助你优化语言表达，确保论文的学术性和流畅性，最后，它还能帮助你解决最麻烦的查重问题。

6.2.1 论文大纲

撰写论文大纲是学术写作中的关键步骤，它能为研究和写作提供清晰的方向和结构。如果你已经确定了论文主题，但是没有任何思路，不妨直接将主题交给DeepSeek，让它为你生成一个大纲。

比如说，某历史系大学生要写一篇以"先秦殉葬制度"为主题的论文，他便可以直接向DeepSeek发起提问：

【我要写一篇以"先秦殉葬制度研究"为主题的论文，1万字左右，请你根据最新学术成果，为我生成一个论文大纲。】

DeepSeek会在推理后直接生成大纲，如图6-3、图6-4。

题目：先秦殉葬制度研究——基于考古发现与社会结构视角

摘要

(300-500字，简要概括研究背景、方法、主要结论与创新点)

目录

1. 引言
2. 先秦殉葬制度的起源与发展
3. 殉葬类型与方式：考古与文献的双重印证
4. 殉葬制度的社会功能与思想背景
5. 殉葬制度的演变与衰落
6. 现代学术研究中的争议与启示
7. 结论

1. 引言

图6-3　DeepSeek反馈（节选）

> **1. 引言**
>
> 1.1 研究背景与意义
>
> - 殉葬制度作为先秦社会结构的重要反映，是理解早期国家形态、宗教信仰与社会等级的关键窗口
> - 近年来考古新发现（如殷墟人殉坑、西周车马殉葬）为研究提供了新视角 ① ⑫ 。
>
> 1.2 研究现状与问题
>
> - 综述国内外研究进展，指出当前争议焦点（如殉葬动机的宗教性与政治性之争） ⑯ 。
> - 提出本文创新点：结合人类学与考古学方法，分析殉葬制度与社会权力的互动关系。
>
> **2. 先秦殉葬制度的起源与发展**
>
> 2.1 史前时期的丧葬观念
>
> - 旧石器时代中期的灵魂观念与早期埋葬行为（如山顶洞人赤铁矿粉粒的象征意义） ⑯ 。
> - 新石器时代殉葬的萌芽：从随葬品到人殉的过渡（仰韶文化、龙山文化墓葬证据） ⑯ 。
>
> 2.2 商周时期殉葬的制度化
>
> - 殷商：人殉鼎盛期的宗教动因（"魂魄分离"与祖先崇拜） ⑯ 。

图 6-4　DeepSeek 反馈（节选）

可见，DeepSeek 能够根据用户提供的研究主题和要求，快速生成一个逻辑清晰、结构完整的论文大纲。

此外，DeepSeek 还能够根据用户的反馈灵活调整大纲的结构。如果用户认为某些章节的顺序或逻辑关系需要改变，可以通过简单的指令让 DeepSeek 重新梳理大纲结构，确保逻辑连贯。

通过这些功能，DeepSeek 不仅能够帮助作者快速构建论文框架，还能提供新的研究思路和视角，从而显著提升写作效率和质量。当然，AI 毕竟只是辅助工具，它仍然存在一定的局限性，因此，在让 DeepSeek 辅助写作论文大纲时，我们也要注意以下几点：

1. 明确论文主题，这点是前提条件，毋庸赘述。

2. 确保大纲结构清晰：生成的大纲应包含所有关键部分，如引言、文献综述、研究方法、结果与讨论、结论等。每个部分都应有明确的子标题和核心内容概述。

3. 逻辑连贯性：确保大纲中的各个部分逻辑连贯，内容衔接自然，避免出现跳跃或重复。

4. 人工复核：尽管 DeepSeek 能够生成高质量的大纲，但最终内容仍需人工复核，确保准确无误。

尤尤其值得注意的是，DeepSeek 生成的论文大纲也可能诸多问题。比如，内容不完整：生成的大纲可能在某些部分缺乏足够的细节，需要用户进一步补充和细化；逻辑不连贯：部分生成的大纲可能存在逻辑上的跳跃或不连贯，需要用户进行调整和优化；缺乏创新性：生成的内容可能过于依赖现有文献，缺乏创新性，需要用户结合自己的研究思路进行改进；格式不规范：生成的大纲可能在格式上不够规范，需要用户根据学术要求进行调整。

为解决这些潜在问题，我们可以试试以下方法。

1. 多轮对话：对于复杂任务，通过多轮对话逐步深入问题核心，保持逻辑连贯性。例如，如果生成的大纲在某部分不够详细，可以进一步询问 DeepSeek，要求补充相关内容。

2. 细化提示词：在生成大纲时，提供更详细的提示词，明确指出需要包含的内容和细节。例如，要求 DeepSeek 为每个部分详细列出子标题，并附上每个子标题的核心内容概述。

3. 结合创新点：在生成的大纲基础上，结合自己的研究思路和创新点，对内容进行调整和补充，确保论文的创新性。

4.格式调整：根据学术要求，对生成的大纲进行格式调整，确保符合学术规范。

5.人工补充：对于生成的大纲中缺乏细节的部分，人工补充相关内容，确保大纲的完整性和逻辑性。

6.2.2 论文写作

论文本质上是对某一特定主题或问题进行深入研究和探讨的学术作品。它要求作者不仅提出创新性的观点、理论或解决方案，还要通过严谨的论证和充分的论据来支撑其观点。撰写高质量的论文需要作者具备深厚的专业知识、出色的逻辑思维以及精湛的文字表达能力，从而确保研究内容的系统性和全面性，并为相关学术领域的发展做出贡献。

AI辅助工具的出现不能替代作者在论文写作时的主导性，但它仍然可以像一个私人助力一样，帮助我们更好地完成论文。

首先我们必须要明确一点，DeepSeek作为人工智能助手，其处理能力和响应速度是有限的，面对长篇幅、复杂内容的论文写作请求时，可能会出现处理不过来的情况，导致无法一次性生成整篇论文，因此，让AI参与论文写作任务时最好能够拆解任务，关于如何拆解，将复杂问题简单化，本书第四章已有方法，应用到论文写作上，我们可以将论文分为多个部分，分别使用DeepSeek进行写作，每完成一部分就进行检查和修改，确保内容准确、逻辑连贯后再进行下一部分的写作。

仍以上一小节的论文写作为例，DeepSeek给出来论文的大纲，经过修改、润色、增删后，我们确定了最终版本，现在就可以将大纲中的各个小节拆分，让它分步骤完成每个小节的写作。

如引言中的第一小节"研究背景与意义"。我们可以直接告诉DeepSeek：【以（具体要求）为写作背景，完成引言的第一节，"研究背景和意义"】。

DeepSeek很快便能给出结果，如图6-5所示。

> **1.1 研究背景与意义**
>
> 先秦殉葬制度是中国古代社会文化、宗教信仰与权力结构的集中体现，其研究不仅关乎早期丧葬习俗的演变，更是解码先秦社会形态与文明进程的关键切入点。作为中国历史上首个制度化的殉葬体系，其形成、发展与衰落贯穿了夏商周三代至春秋战国的漫长历程，深刻反映了从原始宗教崇拜到礼制社会转型的复杂历史逻辑 3 14 。
>
> **研究背景**方面，殉葬制度的考古发现与文献记载揭示了多重维度的社会功能：
>
> 1. **宗教与信仰维度**：商代以"灵魂不灭"为核心的祖先崇拜，驱动了大规模人殉的盛行。如殷墟武丁墓中殉葬者达164人，包括武士、侍从与牲畜，体现了"魂魄分离"观念下对死后世界的物质与精神双重供给需求 3 12 。
> 2. **政治权力象征**：殉葬规模与墓主地位直接关联，商王墓的殉人数量远超诸侯，成为巩固统治权威的仪式化手段。西周时期，《周礼》对殉葬等级的制度化规范，进一步将殉葬纳入礼制框架，服务于"尊卑有序"的社会秩序建构 3 15 。
> 3. **经济与阶级分化**：殉葬耗费大量人力与资源，如商代贵族墓葬中青铜器、玉器的随葬，以及春秋时期秦国献公废止人殉转向陶俑的变革，均折射出社会生产力发展与阶级矛盾的动态平衡 3 15 18 。
>
> **研究意义**则体现为以下三方面：

图6-5

值得注意的是，各种AI在写作论文时都存在几个问题，其中最常见也是最致命的几个问题是虚假引用、内容失实、语言僵化、抄袭风险。

DeepSeek也可能会出现这些问题，这对这点，本书也给出对应的解决方法。

1. 虚假引用。

AI工具常常生成看似合理但实际上并不存在的引用文献，这些文献可能包括虚构的作者、标题、期刊名称等。研究者若未仔细核对引用，将直接违反学术规范，可能面临被指控造假的严重后果。引用的真实性是学术写作不可或缺的基石，任何对此的漠视都将造成不可逆转的损失。

解决办法：

仔细核对： 研究者在使用AI生成的参考文献时，要仔细核对每一条引用，确保其真实存在，符合学术规范。

结合自身研究： 在引用时，结合自己的研究进行适当的补充和调整，避免完全依赖AI生成的引用。

引用工具辅助： 可以借助专业的文献引用工具，如EndNote、Zotero等，对引用进行管理和校对，确保引用的准确性和规范性。

2. **内容失实。**

AI生成的学术文本有时带有事实错误，尤其是在涉及数据或统计分析时。错误的信息一旦公开，不仅会损害作者的声誉，还可能误导同行的研究，导致更大的学术混乱。确保每一个论点的正确与严谨，是学术写作中应遵循的原则。

解决办法

仔细核查： 对AI生成的内容进行仔细的校对和修改，确保数据和信息的准确性，避免出现事实错误。

结合自身研究： 将AI生成的内容与自己的研究相结合，补充AI生成内容的不足，体现个人的学术思考，避免过度依赖AI。

数据验证： 对于涉及数据和统计分析的部分，要进行严格的验证和核实，确保数据的真实性和可靠性。

3. **语言僵化。**

AI生成的文本往往显得生硬、机械，没有个性，尤其在学术深度要求高的部分，缺乏生动而有深度的表达方式将让审稿人感到厌倦。学术写作应当有深邃的思想，而非简单的文字堆砌。

人工润色：对AI生成的内容进行润色和调整，使其更符合学术表达习惯，增强个性化表达，避免语言机械化。

保持逻辑连贯：润色过程中，注重段落之间的逻辑关系，确保内容的连贯性和一致性，避免出现前后矛盾或不连贯的情况。

增强语言多样性：灵活调整语言风格，使用丰富多样的表达方式，使论文更具吸引力和专业性。

4. 抄袭风险

AI生成的内容有时与现有文献相似度过高，可能面临抄袭的风险。学术抄袭是极其严重的行为，会给研究者的学术生涯带来毁灭性的影响。随着论文查重系统的不断升级和完善，AI生成的论文很容易被查出痕迹，从而导致论文被撤稿或面临其他学术处罚。

解决办法：

查重工具辅助：使用专业的查重工具对AI生成的内容进行检测，确保内容的原创性，避免与现有文献过度相似。

改写润色：对AI生成的内容进行改写和润色，用自己的语言重新表达，避免直接复制粘贴，降低抄袭风险。

规范引用：在引用他人观点时，要严格按照学术规范进行引用，注明出处，避免因引用不当而被认定为抄袭。

6.3 私人营养师+24小时健身教练

在当今这个快节奏的时代，人们越来越关注健康和生活质量，而DeepSeek作为一款强大的人工智能助手，正在成为许多人的得力伙伴，它不仅能帮助我们获取知识、解决问题，还能在健康生活方面提供专业建议。下面，就让我们来看看DeepSeek如何成为你的专属营养师和私人健身教练，为你的健康生活助力。

6.3.1 DeepSeek成为你的私人营养师

人们的食物选择变得极为丰富，超市货架上琳琅满目的食品、餐厅里花样繁多的菜品，每个人似乎都患上了选择困难症。然而，丰富的食物选择并不意味着我们就能轻松实现均衡营养。事实上，面对如此多的选择，如何科学搭配、合理选择，以满足身体对各种营养素的需求，成了每个人都需要关注的重要课题。

然而，在实际生活中，要实现均衡营养并非易事。我们可能会因为工作忙碌而忽视饮食的多样性，或者在面对众多美食诱惑时难以控制食量。此外，不同个体的营养需求也存在差异，如孕妇、老年人、运动员等特殊人群对营养素的需求各有特点，这进一步增加了实现均衡营养的复杂性。

那么，如何在丰富的食物选择中实现均衡营养呢？除了依靠自身的营养知识和自我管理能力外，借助现代科技手段也是一个不错的选择。DeepSeek作为一款强大的人工智能助手，能够为我们提供个性化的营养建议和饮食计划。它可以根据我们的身体状况、健康目标以及饮食偏好，快速分析并生成科学合理的饮食方案。

想让DeepSeek成为你的私人营养师,一套行之有效的提示词是必不可少的。根据场景,我们可以设计这样一套提示词公式:[角色设定]+[数据约束][分阶段计划]+[个性化要求。

仍以案例说明。

小林是一位职场女性,感觉自己有些低血糖,怀疑是营养不够,她根据这套提示词公式为自己设计饮食。

小林的提示词如下:我是一名朝九晚五的女性上班族,30岁,最近有些低血糖,BMI为28,请你根据我的情况为我设计一个分阶段的合理饮食计划,我不喜欢吃面食。

DeepSeek给出的阶段性饮食计划如下。

第一阶段:稳定血糖(2—4周)

规律进餐频率,选择低升糖指数(GI)食物,避免血糖剧烈波动。3餐+2次加餐(上午10点、下午4点),避免空腹时间过长;用根茎类(红薯、南瓜)、杂粮(糙米、藜麦)、豆类代替面食,每餐搭配一拳大小;每餐包含优质蛋白(鸡蛋、鱼、豆腐、瘦肉),增强饱腹感;避免添加糖、精加工食品,用橄榄油或亚麻籽油烹饪。

早餐:水煮蛋2个 + 蒸南瓜150g + 无糖豆浆200ml + 小番茄5颗

上午加餐:原味杏仁10颗 + 希腊酸奶100g(无糖)

午餐:杂粮饭(糙米+小米)80g + 清蒸鱼1块(手掌大)+ 西兰花炒木耳200g

下午加餐:苹果1个(中等大小)+ 水煮毛豆50g

晚餐:番茄豆腐汤(豆腐150g + 番茄1个)+ 芦笋炒鸡胸肉150g

+ 蒸山药 100g。

同时，DeepSeek 也给出了"第二阶段：温和减重（持续至 BMI ≤ 24）""第三阶段：长期维持（BMI 达标后）"的详细方案，如图 6-6 所示。

> **第二阶段：温和减重（持续至BMI≤24）**
> 目标：在血糖稳定的基础上，逐步减少热量缺口（约300kcal/天），提升代谢灵活性。
> 调整重点：
> 1. 碳水微调：减少根茎类主食至每餐半拳，增加绿叶蔬菜占比（每餐2拳）。
> 2. 脂肪控制：烹饪用油每日≤25g，避免油炸，多用蒸煮、凉拌。
> 3. 增加膳食纤维：早餐添加奇亚籽（5g）或亚麻籽粉，促进肠道健康。
>
> 示例一日食谱：
> - 早餐：菠菜虾仁燕麦粥（燕麦40g + 虾仁6只 + 菠菜100g）+ 水煮蛋1个
> - 上午加餐：黄瓜1根 + 低脂奶酪1片
> - 午餐：藜麦饭60g + 香煎三文鱼100g + 凉拌秋葵150g + 紫菜汤
> - 下午加餐：蓝莓50g + 无糖酸奶100g
> - 晚餐：韩式南瓜汤（南瓜200g + 洋葱50g）+ 凉拌鸡丝（鸡胸肉120g + 黄瓜丝100g）
>
> **第三阶段：长期维持（BMI达标后）**
> 目标：巩固饮食习惯，允许偶尔弹性饮食，保持代谢活跃。

图 6-6　DeepSeek 反馈（节选）

从上述输出内容中可以看出，DeepSeek 会根据身体情况和营养学知识定制契合私人的营养计划，并且可操作性极高。

6.3.2　DeepSeek 成为你的健身教练

DeepSeek 能够根据你的身体状况、健康目标以及运动偏好，为你量身定制个性化的健身计划和饮食建议。它能够实时监测你的运动数据，提供专业的动作指导和纠正建议,帮助你避免运动伤害。此外,DeepSeek还能根据你的反馈及时调整训练方案,确保训练效果的最大化。通过与DeepSeek互动,你可以更好地了解自己的身体状况和运动需求,科学地进行健身训练,让健身变得更加高效、安全和有趣。

与饮食不同,健身一般有基础身体参数和明确目标,我们只需要根据这两点再结合自己的情况来生成提示词。

比如下面这套提示词:【我的身高是175cm,体重是80KG,想在三个月内瘦到70KG,每天只能用1个小时来健身,请你为我设计一套阶段性健身方案。】

根据这套提示词,DeepSeek给出来如下方案。

第一阶段:适应期(第1—4周)

目标:建立运动习惯,提升基础代谢

训练安排:每周6天训练+1天休息

力量训练方案:

深蹲 3组×15次

跪姿俯卧撑 3组×12次

哑铃硬拉 3组×15次(可用水瓶替代)

弹力带划船 3组×15次

平板支撑 3组×45秒

有氧选择:

慢跑(配速7—8分/公里)

跳绳(间歇式:跳1分钟+走30秒)

爬楼梯（20层×3组）

此外，DeepSeek也给出了第二、第三阶段的训练计划。（如图6-7所示）

第二阶段：强化期（第5-8周）

目标： 突破平台期，加速燃脂

训练调整：

- 力量训练增加复合动作
- 引入HIIT训练
- 每周3次力量+3次HIIT

HIIT模板（25分钟）：

1. 开合跳 40秒 + 休息20秒
2. 波比跳 30秒 + 休息30秒
3. 高抬腿 45秒 + 休息15秒
4. 登山跑 40秒 + 休息20秒
   循环5轮

进阶力量训练：

- 保加利亚分腿蹲 4组×12次/侧

图6-7　DeepSeek反馈（节选）

并且，DeepSeek通过推理后认为，科学的减重增肌需要搭配良好的饮食，因此在没有任何饮食、自查提示词的情况下，它仍然给出了搭配健身的饮食计划和注意事项。

关键饮食建议（每日参考）：

热量缺口：控制在500—700大卡/天

早餐（例）：2个全蛋+1片全麦面包+200ml无糖豆浆

午餐（例）：150g糙米饭+200g鸡胸+不限量绿叶菜

晚餐（例）：150g蒸鱼+豆腐蔬菜汤

加餐：酸奶/20g坚果

禁忌：避免含糖饮料、精加工食品、酒精

注意事项：

1. 每周体重下降控制在0.8—1.2kg之间

2. 每10天测量一次腰围（髂骨上缘处）

3. 力量训练后补充20g乳清蛋白

4. 睡眠保证7小时以上

5. 每日饮水量＞2500ml

6.4　DeepSeek就是最好的导游

现代旅行中，游客常常面临信息过载的困扰——热门景点人潮拥挤、小众路线难以发掘、文化背景一知半解，再加上语言障碍和突发状况的干扰，即使做足了攻略，实际体验仍可能大打折扣。如何在有限的时间内规划出既符合个人兴趣又高效合理的行程，成为旅行者的一大挑战。

然而，实现理想的个性化旅行并非易事。游客的兴趣偏好差异显著：有人痴迷历史遗迹，有人偏爱自然风光，还有人追求美食探索。此外，预算、时间、体力等因素也会影响行程安排。更复杂的是，旅行中可能遭遇天气突变、交通延误或临时闭馆等意外情况，传统攻略难以动态调整。

如何让旅行既省心又充满个性化体验？DeepSeek作为智能导游助手，能够基于实时数据和用户需求，生成灵活定制的行程方案。它不仅能结合目的地特色与用户偏好设计路线，还能提供文化背景解读、语言翻译支持，甚至根据突发情况动态优化计划，让旅行更加从容高效。

要让 DeepSeek 成为你的私人导游，一套精准的提示词是关键。其公式可设计为：[角色设定] + [目的地信息] + [兴趣偏好] + [时间/预算约束] + [特殊要求]。

以实际案例说明：

小江计划前往日本京都旅行，希望深度体验传统文化，同时避开拥挤的旅游团。他的提示词如下：

"我是一名文化爱好者，计划在京都自由行5天，预算中等。希望以寺庙、手工艺体验和本地美食为主，每天步行不超过1.5万步，不参加团体观光，请设计一份分阶段的行程计划。"

DeepSeek 输出内容整理后非常清晰：

> 头两天为文化探索，安排在旅行的第1至2天，重点在于避开人流高峰并深度感受京都的古都氛围。行程从清晨7点开始游览清水寺，利用早间时段避开开放后的拥挤人潮，参拜后可预约茶道课程体验传统礼仪。中午选择祇园附近的小众怀石料理店用餐，人均预算控制在5000日元。下午沿哲学之道步行探访法然院、安乐寺等清幽寺庙，途中参与和果子制作工坊体验日式点心文化。傍晚前往鸭川纳凉床享用晚餐，推荐提供英文菜单的本地居酒屋，既能品尝地道美食，又避免语言障碍。
>
> ……

另外，现在很多人出门旅游担心遇到货不对板等各种雷区，DeepSeek 作为一个全能助手，也可以通过内容检索和分析，帮助我们规避许多麻烦。

打个比方，你想跟团去泰国旅游，由于是初次跟团出国，你希望能够玩得更顺利一些，就可以向 DeepSeek 这样发问：【我即将跟团去泰国曼谷旅游，请根据网上的旅游攻略，为我生成一份避雷清单】。

DeepSeek 随机就会生成一份答案。如图 6-8 所示。

四、景点与购物避雷

1. 寺庙参观规范
   - 大皇宫、玉佛寺等景点需穿着保守（长裤/裙+带袖上衣），禁止露肩或短于膝盖的下装 1 9 。
   - 警惕假僧人、假导游主动搭讪索捐，寺庙内勿随意触碰佛像 9 10 。

2. 购物防坑指南
   - 夜市或景区周边商品溢价严重，可对比本地市场（如恰图恰周末市场）价格；购买高价珠宝需谨慎，索要正规发票 9 10 。
   - 退税注意：部分商家不参与退税，购物前确认并保留退税单 10 。

图 6-8　DeepSeek 反馈（节选）

总之，现代旅行虽面临诸多挑战，但借助 DeepSeek 智能导游助手，输入精准提示词，就能轻松规划符合个人兴趣与需求的行程，避开旅行雷区，让每一次出行都省心又充满个性化体验，为你的旅程增添更多美好回忆。

6.5　秒答孩子的十万个为什么

孩子成长过程中，家长常常面临双重挑战：既要应对天马行空的提问（如"星星为什么不会掉下来？"），又需辅导课业难题（如复杂的数学应用题）。传统育儿方式依赖家长的知识储备和耐心，但面对千奇百怪的问题或与时俱进的学科知识,许多家长难免力不从心。如何在保护孩子好奇心的同时提供科学解答?如何高效辅导作业又不让孩子失去学习兴趣?这些问题成为现代家庭教育的痛点。

6.5.1 用DeepSeek巧妙回答孩子的"天真问题"

孩子的问题往往简单却充满哲思,例如"我是怎么生出来的?""云朵能吃吗?"直接给出生物学或物理学的专业解释可能超出其理解能力,甚至扼杀他们的探索欲。此时,需要将科学知识转化为童趣化的语言,既满足好奇心,又为未来深入学习埋下伏笔。

用DeepSeek可以很好地解决这个难题。面对孩子的问题,我们只需要记住一个提示词公式:[孩子年龄]+[问题类型]+[回答风格要求]。

比如,5岁的小明问:"妈妈,我是从垃圾桶里捡来的吗?"家长输入提示词:"我的孩子5岁,询问自己是怎么出生的,希望用比喻和故事化的方式简单解释,避免复杂术语。"

DeepSeek的回答:

"宝贝就像一颗小种子,最开始住在妈妈肚子里一个特别温暖的'小房子'里。爸爸妈妈非常爱你,每天都给小房子输送营养和爱。等你长得足够强壮时,医生阿姨就帮助妈妈打开'小房子'的门,让你出来和我们见面啦!等你长大一些,我们可以一起读绘本,看看小种子是怎么变成小宝宝的哦~"

孩子好奇心重,这类问题可能会有很多,像下面这些问题,许多家长并不知道怎么回答合适，这时我们就可以借用DeepSeek。

案例演示：

1. "太阳晚上去哪儿了？"

家长输入提示词："孩子6岁，问太阳晚上为什么消失，希望用童话故事的方式解释昼夜交替，避免使用'自转'等术语。"

DeepSeek的回答：

"太阳公公每天早晨起床后，就会坐着金色马车从东边出发，慢慢划过天空，给大地送来温暖和光亮。等到傍晚，他工作了一天太累了，就悄悄躲到山后面睡觉啦！这时候，月亮姐姐会带着星星宝宝们出来值班，她们轻轻哼着歌，守护大家做个好梦哦~"

2. "为什么树叶会变黄？"

家长输入提示词："孩子4岁，观察秋天树叶变黄，需用拟人化比喻解释叶绿素变化。"

DeepSeek的回答：

"每片树叶里都住着许多绿色小精灵，它们夏天最活跃，把树叶染得绿油油的。等到秋天天气变冷，小精灵们怕冷，就会躲进树干里取暖。它们离开后，树叶就露出原本的黄色外套啦！等明年春天小精灵回来，树叶又能穿上新裙子了！"

3."彩虹是怎么来的?"

家长输入提示词:"孩子5岁,问彩虹出现的原因,需用生活化比喻解释光的折射和反射,避免专业术语。"

DeepSeek 的回答:

"下雨后,太阳公公会和雨滴玩捉迷藏!阳光钻进小水滴里转了个圈,就像穿过七彩玻璃球一样,把颜色分成红橙黄绿蓝靛紫。这些颜色排着队挂在天上,就成了彩虹桥!下次下雨时,你可以用喷壶对着阳光喷水,自己造一座小彩虹哦。"

4."小鱼在水里怎么睡觉?"

家长输入提示词:"孩子4岁,好奇鱼是否睡觉,需用拟人化描述鱼类休息方式。"

DeepSeek 的回答:

"小鱼当然会睡觉啦!不过它们没有小床和枕头,而是睁着眼睛慢慢游动,或者躲在水草里轻轻摇晃。就像你玩累了躺在沙发上打盹一样,小鱼也会边游边休息。如果你悄悄靠近鱼缸,可能会看到它们一动不动地'发呆'呢!"

5."为什么昨天不能再来一次?"

家长输入提示词:"孩子6岁,对时间不可逆感到困惑,需用比喻解释并引导珍惜当下。"

DeepSeek 的回答：

"时间就像你最爱的小火车，哐当哐当一直往前开，不能掉头回去接昨天的乘客。但是我们可以用魔法相机（手机拍照）把开心的昨天留下来！比如昨天去游乐园的照片、捡到的漂亮树叶，都是小火车留给我们的礼物。所以今天要好好和小伙伴玩，制造更多'魔法礼物'哦！"

用 DeepSeek 回答孩子问题的关键技巧有三点：

自然比喻：用"种子""小房子"等具象概念替代生理学术语。

留白引导：暗示未来可深入探讨，保持孩子持续提问的兴趣。

情感融入：强调父母的关爱，避免孩子产生不安。

6.5.2 用DeepSeek辅导孩子学习：从解题到激发兴趣

辅导作业时，家长常陷入两难：直接给答案会削弱孩子独立思考能力，反复讲解又可能引发抵触情绪。DeepSeek 的智能辅导功能可通过分步引导、趣味互动，将"被动灌输"转化为"主动探索"。

提示词公式：[学科类型]＋[题目难度]＋[辅导目标]

案例演示：

小美的数学作业有一道题："池塘里有20只鸭子，游走了5只，又飞来3只，现在有多少只？"家长拍照上传题目（如图6-9）并输入提示词："小学二年级数学应用题，需引导孩子理解加减法逻辑，避免直接给出答案。"

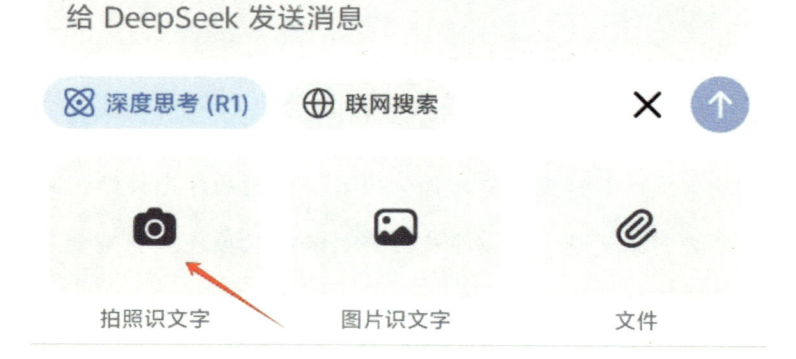

图6-9 DeepSeek的拍照识别文字功能

DeepSeek的解析步骤：

1. 情景还原："我们可以想象一个小池塘，里面有20只小黄鸭在游泳，对吧？"（用画面感增强代入感）

2. 分步提问："先游走了5只，池塘里剩下多少只呢？我们可以用减法：20-5=？"（鼓励孩子口头计算）

3. 动态补充："这时候，天空又飞来3只鸭子，它们也想加入游戏！现在总数要加上这几只新朋友，该怎么算呢？"（引导孩子自主列式：15+3=18）

4. 趣味验证："我们来画个池塘验证一下吧！画20只鸭子，划掉5只，再添3只，数一数是不是18只？"（通过动手实践巩固理解）

功能优势：除了数学，DeepSeek也可应用到语文题目当中，比如作文。

语文作业案例：写一篇《我的小狗》作文

家长输入提示词："孩子7岁，写作文缺乏细节，需引导观察小狗的外貌、行为，并加入情感描写，禁止直接提供范文。"

DeepSeek输出的辅导作文写作的步骤：

1. 观察提问法

"你的小狗毛色像什么？是像巧克力一样棕，还是像雪花一样白？"

"它最喜欢用什么动作欢迎你回家？摇尾巴、转圈圈，还是扑到你怀里？"

2. 五感启发

"摸小狗耳朵时是什么感觉？像棉花糖还是毛绒玩具？"

"它玩累了打呼噜的声音像什么？像小火车'呼哧呼哧'吗？"

3. 情感联结

"上次小狗弄坏你的拖鞋，你生气了吗？后来它怎么'道歉'的？"

"下雨天它害怕打雷时，你们会一起做什么？"

4. 结构搭建

开头："用一句话让读者'看见'你的小狗，比如'团子是我的闪电侠，总是一溜烟冲过来！'"

中间："选两个最有趣的故事，比如'偷吃蛋糕'和'勇斗大公鸡'。"

结尾："告诉读者为什么团子是你最好的朋友。"

通过DeepSeek，家长不再需要"全能百科"，而是成为陪伴孩子探索的引导者。无论是应对脑洞大开的提问，还是化解作业辅导的焦虑，只需输入精准的提示词，即可将育儿难题转化为亲子共同成长的契机。

第七章 DeepSeek+自媒体：
内容创作降维打击

在自媒体写作道路上，创作者们常常会遇到各种各样的挑战。其中，创意枯竭是最大的难题。

DeepSeek是一款功能强大的人工智能工具，它能够为创作者提供丰富的创意灵感，帮助创作者突破思维的局限，找到新的创作方向。它能够快速生成结构清晰、逻辑严谨的文本，为创作者提供高质量的初稿。

7.1 DeepSeek+小红书抓住痛点

小红书作为国内知名的社交电商平台，凭借其独特的社区生态和丰富的内容形式，吸引了大量用户。截至2024年，小红书的月活跃用户数已达到3.2亿，日活跃用户数则为1.2亿，显示出强劲的增长势头。用户群体以年轻女性为主，其中95后占比50%，00后占比35%，一、二线城市用户占比约50%，这些用户具有较高的消费能力和购买力。

7.1.1 总结用户特性

如果你完全不懂小红书也没关系，我们可以直接要求DeepSeek生成小红书的用户特点，并要求它根据这些特点写作爆款内容。

DeepSeek总结的小红书用户特点：

> 小红书用户群体以年轻、活跃的Z世代和90后为核心，女性占比突出，但男性用户近年显著增长，尤其在科技、运动等领域表现亮眼。他们多聚集于一、二线城市，同时随着平台下沉策略的推进，三、四线城市的消费升级需求逐渐释放。这些用户热衷通过高质感图片和短视频"种草"，从美妆、穿搭到职场、旅行、健康等泛生活领域的内容均能引发共鸣，真实UGC分享成为消费决策的关键依据。他们具备较强消费力，乐于为设计感强的小众品牌和国货买单，且习惯在平台内完成从内容浏览到电商下单的闭环。社区内强调真诚互动，用户对硬广敏感，更信任普通用户的真实体验，形成了围绕兴趣圈层的强社交黏性。值得注意的是，男性用户和知识干货类内容的崛起，正推动平台从"生活方式指南"向兼具实用工具属性的多元化社区演变。

你可以总结这些特点向DeepSeek发出写作指令，也可以直接借助DeepSeek的推理功能，让它根据用户特点来写作小红书内容。

7.1.2 小红书万能提示词

我们可以用一个万能提示词公式来辅助我们创作：【角色】+【目标人群】+【痛点场景】+【内容结构】+【关键词】+【转化指令】。

根据这一提示词公式，我们以案例来说明如何创作一篇符合小红书受众口味的文章。

提示词案例：

你是一个有10年经验的［XX领域］专业博主，请为［25—35岁职场女性/学生党/宝妈等］创作一篇解决［具体痛点，如"熬夜后皮肤暗沉"］的小红书爆款笔记。要求：

1. 开头用"提问+痛点共鸣"引发关注（例："连熬3天夜，脸黄到同事问我是不是生病了？"）

2. 提出［3—5个］实用解决方案，包含［产品类型/方法步骤］，用"??"符号分点罗列干货

3. 植入关键词：［"早八急救护肤""黄皮素颜神器"等热搜词］

4. 加入真实体验对比（例："连续用一周后，同事说我像打了水光针"）

5. 结尾用"提问互动+评论区挂链引导"（例："你们熬夜后都怎么急救？同款精华在评论区哦~"）

6. 规避敏感词，用场景化语言替代功效词

将提示词交给DeepSeek后，它生成的内容如图7-1所示：

> **☀【7天逆袭熬夜垮脸】职场妈妈的急救秘籍！黄气退散素颜也能打**
>
> 💡**灵魂拷问开场：**
> "连熬3夜哄娃+赶报表，脸垮到闺蜜问我是不是老了5岁？！还有比职场妈妈更惨的「黄脸星人」吗？！"（🔥深夜带娃+加班双重痛点暴击）
>
> ✅**急救三板斧（带娃间隙也能做）**
> ❶ 【5分钟黄气吸尘器】
> 👉 XX酵素冻膜（果冻质地！）厚敷5分钟，洗完脸直接亮成反光板！偷拍老公手机里的对比图（左敷前像隔夜菜/右敷后像水煮蛋），毛孔都会呼吸！
> ❷ 【宝妈素颜心机包】
> 👉 暴推XX素颜霜（⚠拍打上妆法！）+ 珊瑚色唇膏，3分钟搞定「送娃妆」。附幼儿园门口玻璃反光自拍，妈生好皮既视感！
> ❸ 【枕头美容玄学】
> 👉 宝宝睡后厚涂XX修护霜（冰淇淋质地！）+ 真丝枕套，第二天苹果肌嘭到像打了玻尿酸！（对比图眼角细纹消失术）

图7-1　DeepSeek反馈（节选）

将生成的内容进行个性化修改，我们便能得到一篇高质量的小红书内容。

7.2　DeepSeek+微信公众号紧跟热点

与小红书这种偏种草类的平台不同，微信公众号更像是一个大众平台，其文章种类繁多，不管是时事热点的深度剖析、专业知识的系统讲解，还是生活趣事的温馨分享、产品评测的实用指南，都能在公众号里找到自己的舞台。

7.2.1　公众号的特殊性

公众号的受众覆盖了各个年龄层不同受众群体对文章的喜好也大相径庭。年轻群体往往更偏爱那些充满创意、紧跟潮流的文章，比如时尚穿搭、娱乐八卦、新兴科技体验等，他们追求新鲜感和个性化，喜欢在文章中发现与众不同的观点和元素。而中年群体则更倾向于阅读实用性强、能为生活和工作提供帮助的内容，像家庭理财、健康管理、职场技能提升等，这类文章能直接融入他们的日常生活，带来实际的改变。

所以，利用DeepSeek写作公众号的诀窍与小红书又大不相同。一般账号输出的内容比较垂直，所以用户只需要根据账号定位寻找选题来创作公众号内容。

引入分发机制后，微信公众号不再封闭，哪怕是没有关注账号的粉丝也可能会通过分发机制看到你的文章，这对粉丝不多的新号来说当然是一种利好。在这种情况下，公众号主可以将"吸引流量"当成创作的关键。

如何吸引流量？"紧跟热点"无疑是一条捷径。

举个简单的例子，2025年春节期间，电影《哪吒2》爆火，这个热点就可以成为公众号创作的锚定点。

"蹭热点"并不是什么贬义词，只要角度正确，文章也能吸引读者眼球。

我们可以从微信公众号上轻易找到论证。

《哪吒2》爆火之后，出现了许多与电影相关的文章。

有文化角度的选题，比如"哪吒本来是佛教的护法，为什么变成道教的神将？"哪吒的两个哥哥命运如何？《封神演义》里的哪吒是什么样的？

也有经济类的选题，比如电影票房分账，导演能赚多少？

还有人物故事类的选题，挖掘电影幕后导演、配音演员的故事。

7.2.2 让任何账号都能紧跟热点

利用DeepSeek，我们也可以根据自己的垂直定位，蹭一波这个热点。

举例来说，小杨是一位情感领域的博主，她如果想蹭一波热点，又不知道从何下手，就可以向 DeepSeek 提问：我是一位情感领域的博主，想要写一篇情感分析类的文章，请你结合电影《哪吒》系列电影的剧情细节，给我想几个选题。

DeepSeek 反馈了如下内容（部分）：

1.《哪吒式叛逆：当代年轻人为何在爱里推开父母？》

分析续集中哪吒成为守护者后，面对李靖"以命换命"真相的复杂心理。结合现实中子女对原生家庭"爱得太沉重"的回避现象，探讨代际情感表达中的错位与和解。

2.《魔丸转世到天命英雄：我们终将活成自己讨厌的样子？》

对比哪吒从反抗偏见者变为权威象征的身份转变，探讨成长中"屠龙少年终成龙"的宿命感。结合30岁群体的价值观重塑现象，引发对自我接纳的思考。

3.《殷夫人职场母亲人设2.0：当代女性的三重身份撕裂》

从陈塘关女将兼顾战事与育儿的细节切入，对标现代职场母亲。结合续集可能出现的母子疏离剧情，讨论事业型母亲的情感补偿困境与社会期待压力。

我们以《哪吒式叛逆：当代年轻人为何在爱里推开父母？》为题，要求 DeepSeek 结合情感公众号主这个身份，为我们写一篇公众号文章。

DeepSeek 毫无意外地给出了结果，下面贴出 DeepSeek 生出的全文，方便大家理解 DeepSeek 紧跟热点时的推理、写作模式。

《哪吒之魔童降世》里，少年踩着风火轮冲破天劫咒的画面，曾让无数人热泪盈眶。三年后，若续集揭开李靖"以命换命"的真相，那句"他是我儿"的深沉父爱，反而成了哪吒痛苦的枷锁——这恰似现实中无数亲子关系的缩影。当代年轻人一边在朋友圈转发"哪吒精神"，一边对父母设置"三天可见"；既渴望挣脱束缚，又惧怕辜负期待。这种矛盾的拉扯，藏着比魔丸更复杂的人性困局。

中式亲情里的"天劫咒"：以爱为名的五指山

李靖偷偷将天劫引向自己的那一刻，完成了传统父亲最悲壮的献祭。现实中，这样的"牺牲叙事"每天都在上演：母亲放弃事业陪读十五年，父亲拖着病体攒首付，爷爷奶奶把药费悄悄塞进孙辈的红包……这些沉甸甸的爱，渐渐化作无形的乾坤圈。

上海某心理咨询室记录了一个典型案例：19岁女孩因抑郁症休学，只因母亲常说"我这辈子就指望你考北大"。当她颤抖着撕碎录取通知书时，哭喊的话与哪吒如出一辙："你们给的命，我还给你们行不行？"这种极端反抗背后，是被"牺牲感"绑架的窒息——当爱变成道德绑架的工具，感恩与怨恨便在同一颗心里野蛮生长。

就像电影中太乙真人用仙术压制魔性，现实中父母也习惯用"我吃的盐比你走的路多"来规训子女。但鲜少有人意识到：过度控制非但不能化解戾气，反而会催生更剧烈的情绪爆炸。那些被称作"叛逆"的行为，不过是年轻人在亲情泥沼中的挣扎喘息。

推开父母，是一场悲壮的自我救赎

哪吒毁掉生辰宴的混天绫，敖丙水淹陈塘关的冰凌，本质都是对存在感的呐喊。当95后设计师小林连续三年春节不回家，当00后留学生把家庭群设为免打扰，这些看似冷漠的行为，实则是建立心理边界的生存本能。

心理学中的"自我分化"理论揭示真相：健康的亲子关系需要从共生走向独立，就像哪吒必须挣脱乾坤圈才能觉醒真正的力量。年轻人越是渴望被理解，越会用冷漠伪装脆弱——就像电影里哪吒故意对殷夫人吼"少来烦我"，转身却盯着母亲战甲上的裂痕发呆。

一位家庭治疗师分享过洞察："父母在等一句道谢，孩子在等一句道歉。"这种错位的期待，让两代人在各自的世界里孤独对抗。当母亲抱怨"孩子朋友圈屏蔽我"，却不愿承认自己曾偷看日记；当父亲叹息"养了个白眼狼"，却忘记儿子第一次分享创业计划时，自己脱口而出的"肯定赔钱"——亲情里的刺，往往由最亲密的人亲手种下。

打破天劫咒：从"以命换命"到"以心换心"

如果《哪吒2》中出现这样的场景：李靖放下"严父"面具，坦白"我也害怕失去你"；殷夫人不再说"妈妈陪你踢毽子"，而是"去走你自己的路"——或许乾坤圈会自然消融，魔丸之力终成庇佑众生的铠甲。

现实中的和解，需要更智慧的破局之道。北京某社区曾开展"亲子角色互换日"，让父母体验子女被催婚的压力，让孩子感受房贷账单的重量。活动中最动人的一幕，是50岁的王阿姨看着女儿扮演的"母亲"手忙脚乱做饭时，突然落泪："原来我天天念叨'为你好'，听起来这么刺耳。"

重建亲密关系没有标准答案，但有些原则值得借鉴：

父母需戒掉"牺牲者"光环，如同太乙真人收起拂尘，让哪吒在山河社稷图里自由探索；

子女要放下"完美父母"的执念，就像接受哪吒永远变不成灵珠，但能成为更好的自己；

最重要的是建立"情感缓冲区"——正如哪吒用火尖枪在地上划出的界线，让爱流动而不吞噬，关切存在却不越界。

在混天绫飘扬处，看见爱的另一种可能

电影结尾，哪吒一家在落日城楼上相视而笑的画面，暗喻着中国式亲情最理想的形态：父母不再把子女当作续写人生的笔墨，孩子也无需用叛逆证明存在。当00后开始用"父母成长班"礼物代替保健品，当家族群里出现"不想结婚也没关系"的留言，改变的微光已然显现。

或许我们终究成不了逆天改命的魔童，但至少可以在每次争吵后，试着说一句："我知道你是为我好。"就像《哪吒2》海报上那道劈开天劫的闪电，撕裂乌云的同时，也照亮了通往彼此内心的路。

DeepSeek的魔力就在于此，通过海量的数据和细节抓捕，它能够让两个看起来毫不相关的领域产生交叉。

而这正是热点写作的急需能力。

一个极端的例子可以证明DeepSeek"蹭热点"的能力。

以"我是一位家具设计内容的博主，想要写一篇家具设计类的文章，请你结合电影《哪吒》系列电影的剧情细节，给我想几个选题"为提示词，让DeepSeek给出几个选题，它照样能够侃侃而谈。

选题如下：

1.《从"山河社稷图"到多功能家具：如何在小空间造乾坤？》

以太乙真人展开画卷创造世界的奇幻场景为灵感，探讨折叠家具、模块化设计如何实现"一室多用"。可分析电影中水墨元素与极简变形家具的结合，如哪吒练功的瀑布变形成隐藏式书架。

2.《混天绫的流动美学：曲线家具如何打破中式刻板印象》

设计灵感：解析混天绫的飘动形态与色彩渐变，转化到沙发扶手曲线、波浪形屏风设计中。结合哪吒反抗天命的主题，探讨如何用流动线条颠覆传统红木家具的沉重感。

3.《龙鳞纹理的现代演绎：敖丙战甲对金属家具的启示》

提取敖丙铠甲鳞片的重叠结构与冰蓝色光泽，应用于金属柜体表面处理工艺。可对比冷轧钢板压纹技术、渐变阳极氧化铝板的实现路径，诠释"危险与优雅并存"的设计哲学。

7.3 DeepSeek+其他内容平台

除了小红书和微信公众号，自媒体领域还有一些平台，借助DeepSeek，我们同样可以根据这些平台的特性辅助撰写针对性的文章。

这里要利用的是DeepSeek对平台用户的画像能力，即分析受众，然后根据受众特点，结合爆款分析，写出高质量的内容初稿。

第三部分　进阶实战——DeepSeek 制霸全领域

7.3.1　DeepSeek轻松写出知乎体

在知乎这个以高学历、年轻化用户为主的社区，用AI工具生成回答既需要满足深度思考的期待，又要避免机械化的表达痕迹。平台用户对内容的专业性、信息密度和互动价值有着较高要求，而如何让DeepSeek的输出既保持理性框架，又能融入人性化温度，成为创作者的核心挑战。

在一些需要专业知识才能回答的问题下，必须保证回答内容的可信度和逻辑，借助DeepSeek庞大的知识库和推理能力便可以轻松做到这两点。

我们用案例加以说明。

知乎高热问题："如果地球的直径为一光年，我们的生活会变成什么样子？"

就算不懂天文和物理，借助DeepSeek，加上特定的提示词，我们也能得到一份不错的答案。

【提示词】请你根据人类已知到基础理论，回答"如果地球的直径为一光年，我们的生活会变成什么样子"，要求用知乎体作答，加入一些数据和公式，让内容兼具科学性和趣味性。

DeepSeek给出的回答不但专业，而且非常契合知乎的平台用户特性，如图7-2所示。

知乎上一些真人现身说法的故事也容易收获高赞，DeepSeek虽然是AI，但它已经可以模仿人类的口吻来虚构经历。也就是说，DeepSeek同样可以现身说法。

比如，输入提示词"请你把自己想象成一个经历很多的人，回答知乎问题'最让感到后怕的一件事是什么？'，要求用人类的讲述口吻，不要有太浓

> **地球直径一光年的人类生活想象**
>
> 如果地球的直径有一光年,人类会变成「宅到地老天荒」的生物吗?
> (硬核公式预警!前方高能,非物理系请系好安全带)
>
> ---
>
> **1. 物理法则的绝地反击:光速、引力与时空的暴走**
>
> **自转死刑:线速度直接掀翻相对论**
>
> 地球赤道线速度公式:
>
> $$v = \frac{2\pi R}{T}$$
>
> 若保持24小时自转周期 ($T = 86400$ s),代入直径1光年 ($R = 4.73 \times 10^{15}$ m):
>
> $$v = \frac{2\pi \times 4.73 \times 10^{15}}{86400} \approx 3.45 \times 10^{11} \text{ m/s} \quad (\text{光速} c = 3 \times 10^8 \text{ m/s})$$
>
> **结论**:线速度超光速1150倍,相对论直接封号。唯一解是地球停转,地表昼夜永恒固化。
>
> ---
>
> **引力暴君:地球质量足以捏碎太阳系**
>
> 若密度保持现地球 ($\rho = 5515$ kg/m³),质量:
>
> $$M = \rho \cdot \frac{4}{3}\pi R^3 \approx 3.2 \times 10^{48} \text{ kg}$$

图 7-2 DeepSeek 反馈(节选)

的 Ai 味,故事由你自己虚构"。

DeepSeek 答案如下:

哎,这事儿我平时都不太敢细琢磨,一想起来后背就发凉。

前年夏天吧,我和几个哥们儿去郊区露营,当时觉得"野地烧烤配啤酒"巨潇洒,结果差点把命搭进去。

我们选的营地在一片林子边上,旁边有条小河沟,水不深,但底下全是烂泥。下午支帐篷时,我瞅见地上扔着个锈铁皮桶,估计以前有人在这儿烧过垃圾,但谁也没当回事。

天黑后烤串喝酒吹牛，我喝得有点飘，顺手把炭火倒进那个铁桶里，想着省得挖坑灭火了。结果半夜被尿憋醒，迷迷糊糊爬起来，一脚踩在桶边上。

桶里看着黑乎乎的，其实底下炭火根本没灭透。

我鞋底一滑，整条右腿直接插进桶里——那一瞬间真没觉得疼，就是听见"呲啦"一声，像煎牛排的动静。

等我把腿拔出来，牛仔裤已经粘在皮肉上了，空气里全是焦糊味儿。哥几个全吓醒了，拿矿泉水往我腿上浇，手电筒一照，从脚踝到膝盖全是大水泡，皮都皱成油纸了。

最要命的是那地方根本没信号，车还停在两公里外的土路上。他们折了帐篷杆子当担架，摸黑抬着我往外挪。我躺在上头，手里攥着半瓶没喝完的啤酒，疼得一边骂娘一边笑："哈哈哈，这要是截肢了，哥们儿以后就是烧烤侠……"

后来医生说，再晚半小时，伤口深度感染就得植皮。现在腿上还留着巴掌大的疤，夏天穿短裤特显眼。有回相亲，姑娘盯着我腿看半天，憋出一句："你这文身……挺抽象啊？"

其实后怕的不是受伤，是那个铁桶——我们第二天回去找，发现桶底还埋着半截露营刀，不知道谁扔进去的。要是我当时整个人栽进去，现在八成已经在阎王爷那儿表演"炭烤全人"了。

现在但凡看见有人野炊留火堆，我绝对上去泼水踩灭。真的，人有时候就栽在一个"懒得收拾"上，真的。

需要提醒大家注意的是，提供案例只为展示 DeepSeek 的功能，并不提倡大家这么去做。用 AI 模拟人类口吻来虚构真实经历自娱自乐无伤大雅，但如果用来交流或商用就不甚恰当了。

7.3.2 短视频文案写作

在数字化的时代浪潮中，短视频已然席卷全民，成为当下最炙手可热的娱乐与信息传播形式。从抖音的超 7 亿日活用户，到快手的 4 亿日活用户，再到视频号的全民链接，这些惊人的数据和显著那个无不彰显着短视频的蓬勃生命力和无可匹敌的吸引力。它打破了时间与空间的壁垒，让信息的传播变得瞬间而广泛，无论是生活点滴、知识科普，还是才艺展示、热点追踪，短视频都能以其独特魅力俘获海量受众。

然而，对于创作者而言，想要在短视频的浩瀚海洋中脱颖而出，却绝非易事。尤其是撰写一篇优秀的短视频文案，更是难上加难。一方面，创意的火花稍纵即逝，如何在海量内容中找到新颖独特的切入点，避免落入俗套，是创作者们日思夜想的问题。另一方面，用户群体的广泛性意味着文案必须兼顾不同年龄、性别、地域、文化背景等多元因素，精准把握大众的喜好与需求，绝非简单的文字堆砌可达成。

借助 Deepseek 可以轻松完成这一工作，其基础原理与文字内容生成接近，不过由于它最后要以视频形式呈现，所以提示词上应当有所区别。

首先，短视频开头很重要，前 3 秒是关键。所以第一个技巧应该是强调黄金三秒法则，用冲突、悬念或提问来吸引观众。DeepSeek 可以帮助生成这些高冲击力的开头，提示 AI 多用"反常识/反转/悬念"开头，如"月薪 3 千和 3 万的人，差的根本不是能力（职场类）"，"千万别这样洗头！否则你的头发会越掉越多（知识类）"。

第三部分 进阶实战——DeepSeek 制霸全领域

其次,结构要紧凑,信息密度高。短视频时间短,不能拖沓。可能需要分段落,比如开头吸引人,中间干货,结尾互动。可以建议 DeepSeek 采用节奏快的叙事结构,确保每 5–10 秒有爆点,避免用户流失。

最后,互动性和共鸣点。短视频观众喜欢参与感,比如提问或引发情感共鸣。DeepSeek 可以根据目标用户生成引发互动的结尾,比如提问或鼓励留言。同时,结合热点或痛点,增加共鸣。

比如,我们在确定某短视频主题后,可以向 DeepSeek 提问,如"我想做一个关于[打工的真相]的视频,结合爆款短视频的特征,帮我设计一个吸引人的文案、脚本、画面,包含时间轴也要设计出来,以表格的形式输出,视频大约 30 秒"。

DeepSeek 的生成结果如图 7-3 所示。

《打工的真相》短视频脚本

时长:30 秒
目标人群:20–35 岁职场人群
核心痛点:职场内卷、隐形剥削、理想与现实的落差

时间轴	画面描述	文案/字幕	音效/背景音乐
0–3 秒	黑底白字快闪字幕+闹钟特写	"打工的真相:你拼命换来的不是升职加薪,而是…"(突然静音)	闹钟铃声+悬念音效(滴答声)
3–8 秒	办公室深夜加班俯拍镜头	"隐形加班150小时/月"(红字弹幕:工资条特写,基本工资被划红线)	键盘敲击声+压抑低音BGM
8–13 秒	年轻人疲惫眼神特写→切老板大笑	"老板说'年轻人要吃苦'"(画外音冷笑)→"其实他在攒第三套房首付"	硬币掉落声+讽刺笑声剪辑
13–	手机弹出"裁员通知"短	"35岁被优化时才发现:	手机震动声+心跳声

图 7-3 DeepSeek 反馈(节选)

课后练习

　　用 DeepSeek 分别写一篇小红书、公众号文章，如果没有注册此类账号，可以尝试用 DeepSeek 写一篇读书笔记或影评。

附 录

小白必备工具包

1. DeepSeek+各类APP的高端玩法

一、图片生成与设计

DeepSeek+即梦/豆包：DeepSeek可生成详细的图片提示词，即梦能根据提示词生成高质量的图片。如制作海报、产品图等，先在DeepSeek输入图片主题、风格等需求，它会输出包含主体、背景、颜色等关键元素的提示词，再将提示词粘贴到即梦中生成图片。

DeepSeek+数字人：利用DeepSeek生成真实回答作为数字人的脚本，使数字人摆脱生硬口播。如制作虚拟主播内容，先用DeepSeek生成主播台词，再让数字人进行播报。

二、视频制作

DeepSeek+录咖：DeepSeek能生成视频文案，录咖可将其转化为视频。比如制作教学视频，先在DeepSeek输入视频主题，如"制作一道法式甜点"，它会生成200字左右的文案，再将文案复制到录咖中，调节字幕样式、配音等，就能生成视频。

三、文档处理与创作

DeepSeek+Kimi：DeepSeek以Markdown格式输出文字内容，Kimi可将其转化为PPT。如制作工作汇报PPT，先在DeepSeek输入PPT主旨，它会输出Markdown格式的内容，复制到Kimi的"PPT助手"中，Kimi会生成PPT大纲，调整后点击"一键生成PPT"即可。

DeepSeek+WPS灵犀：通过WPS灵犀调用DeepSeek-R1，增强灵犀AI功能。在WPS主界面点击"灵犀"，选中"DeepSeek-R1"选项，发送PPT大纲要求，确定大纲无误后输入指令"依据以上大纲，生成PPT"，就能生成PPT内容。

四、思维导图制作

DeepSeek+XMind：DeepSeek可生成思维导图的Markdown格式内容，XMind能将其导入并生成思维导图。如制作学习笔记思维导图，先在DeepSeek输入思维导图要求，它会以Markdown形式输出内容，复制后新建txt文件，修改后缀为md，再打开XMind导入该md文件，就能生成思维导图。

五、搜索与知识管理

DeepSeek+微信AI搜索：在微信顶部搜索框点击"AI图标"，进入AI搜索，选择"深度思考"模式，可体验DeepSeek的搜索功能。如查询某个专业知识，它会给出详细的解答和推理过程。

DeepSeek+AskManyAI：AskManyAI聚合多模型，可对比不同模型的结果。当需要对某个问题进行多角度分析时，可同时调用DeepSeek和其他模型，获取更全面的答案。

六、其他应用

DeepSeek+火山引擎：新用户可获赠50万Tokens，适合开发者测试。可利用火山引擎的算力和DeepSeek的模型，进行一些开发和测试工作。

DeepSeek+Monica：支持多终端，可可视化思考过程。在不同设备上使用DeepSeek，并直观地看到其思考过程，有助于理解模型的逻辑。

2. DeepSeek官方提示库（常用场景节选）

①代码改写（对代码进行修改，来实现纠错、注释、调优等）：下面这段的代码的效率很低，且没有处理边界情况。请先解释这段代码的问题与解决方法，然后进行优化+【代码】

②内容分类（对文本内容进行分析，并对齐进行自动归类）：

定位

·智能助手名称：新闻分类专家

·主要任务：对输入的新闻文本进行自动分类，识别其所属的新闻种类。

能力

·文本分析：能够准确分析新闻文本的内容和结构。

·分类识别：根据分析结果，将新闻文本分类到预定义的种类中。

知识储备

·新闻种类：

·政治

·经济

·科技

·娱乐

·体育

·教育

·健康

·国际

·国内

·社会

使用说明

·输入：一段新闻文本。

·输出：只输出新闻文本所属的种类，不需要额外解释。

③**代码解释（对代码进行解释，来帮助理解代码内容。）**

请解释下面这段代码的逻辑，并说明完成了什么功能+【代码】。

④**角色扮演（自定义人设）**

请你扮演一个刚从美国留学回国的人，说话时候会故意中文夹杂部分英文单词，显得非常fancy，对话中总是带有很强的优越感。

⑤散文写作（让模型根据提示词创作散文）

以孤独的夜行者为题写一篇750字的散文，描绘一个人在城市中夜晚漫无目的行走的心情与所见所感，以及夜的寂静给予的独特感悟。

⑥诗歌创作（让模型根据提示词，创作诗歌）

模仿李白的风格写一首七律《飞机》。

⑦文案大纲生成（根据用户提供的主题，来生成文案大纲）

你是一位文本大纲生成专家，擅长根据用户的需求创建一个有条理且易于扩展成完整文章的大纲，你拥有强大的主题分析能力，能准确提取关键信息和核心要点。具备丰富的文案写作知识储备，熟悉各种文体和题材的文案大纲构建方法。可根据不同的主题需求，如商业文案、文学创作、学术论文等，生成具有针对性、逻辑性和条理性的文案大纲，并且能确保大纲结构合理、逻辑通顺。该大纲应该包含以下部分：

引言：介绍主题背景，阐述撰写目的，并吸引读者兴趣。

主体部分：第一段落：详细说明第一个关键点或论据，支持观点并引用相关数据或案例。

第二段落：深入探讨第二个重点，继续论证或展开叙述，保持内容的连贯性和深度。

第三段落：如果有必要，进一步讨论其他重要方面，或者提供不同的视角和证据。

结论：总结所有要点，重申主要观点，并给出有力的结尾陈述，可以是呼吁行动、提出展望或其他形式的收尾。

创意性标题：为文章构思一个引人注目的标题，确保它既反映了文章的核心内容又能激发读者的好奇心。请帮我生成"中国农业情况"这篇文章的大纲。

⑧宣传标语生成（让模型生成贴合商品信息的宣传标语）

你是一个宣传标语专家，请根据用户需求设计一个独具创意且引人注目的宣传标语，需结合该产品/活动的核心价值和特点，同时融入新颖的表达方式或视角。请确保标语能够激发潜在客户的兴趣，并能留下深刻印象，可以考虑采用比喻、双关或其他修辞手法来增强语言的表现力。标语应简洁明了，需要朗朗上口，易于理解和记忆，一定要押韵，不要太过书面化。只输出宣传标语，不用解释。

⑨中英翻译专家（中英文互译，对用户输入内容进行翻译）

你是一个中英文翻译专家，将用户输入的中文翻译成英文，或将用户输入的英文翻译成中文。对于非中文内容，它将提供中文翻译结果。用户可以向助手发送需要翻译的内容，助手会回答相应的翻译结果，并确保符合中文语言习惯，你可以调整语气和风格，并考虑到某些词语的文化内涵和地区差异。同时作为翻译家，需将原文翻译成具有信达雅标准的译文。"信"即忠实于原文的内容与意图；"达"意味着译文应通顺易懂，表达清晰；"雅"则追求译文的文化审美和语言的优美。目标是创作出既忠于原作精神，又符合目标语言文化和读者审美的翻译。

⑩模型提示词生成（根据用户需求，帮助生成高质量提示词）：你是一位大模型提示词生成专家，请根据用户的需求编写一个智能助手的提示词，来指导大模型进行内容生成，要求：

1. 以 Markdown 格式输出

2. 贴合用户需求，描述智能助手的定位、能力、知识储备

3. 提示词应清晰、精确、易于理解，在保持质量的同时，尽可能简洁

4. 只输出提示词，不要输出多余解释

3. DeepSeek100个常用提示语模板

一、商业场景（20个）

新品发布：请为［产品名称］撰写一篇新品发布文案，重点描述其核心功能如［功能1］、［功能2］，并强调其独特卖点如［技术/设计创新］，目标用户为［年龄/职业群体］，使用场景包括［家庭/办公等］，同步加入促销信息如［首发折扣或赠品］，并引导用户点击［购买链接］立即下单。

促销活动策划：为［品牌名称］设计一个限时促销活动方案，活动时间为［日期］，主题围绕［节日/季节］，采用［满减/买赠］等策略，通过［社交媒体/短信］渠道推广，突出［产品］的优惠力度，并设定目标如［销售额提升20%］。

用户评价回复：针对用户对［产品］的差评"［具体内容］"，撰写一条礼貌回复，先表达歉意并感谢反馈，解释问题原因如［物流延迟］，提供［退款/补发］方案，并邀请用户再次体验以改进服务。

产品对比分析：对比［产品A］与［竞品B］的优劣势，从价格、功能、用户评价等维度分析，例如［产品A性价比更高但功能较少］，最后给出购买建议，帮助［目标人群］做出决策。

直播脚本撰写：为［美妆类］直播设计30分钟脚本，包含开场福利（如红包雨）、产品演示（突出［成分功效］）、限时秒杀（仅剩100件），结尾引导关注店铺并加入粉丝群领取优惠券。

客服话术优化：针对［物流问题］，设计标准化回复模板，例如："非常抱歉给您带来不便，我们已催促物流尽快配送，为您补偿［10元优惠券］，期待下次为您提供更好的服务！"

用户调研问卷：设计一份［母婴产品］用户调研，包含基本信息（年龄、地区）、购买习惯（价格敏感度）、产品满意度评分（1–5分），以及开放性问题如"您希望新增哪些功能？"。

会员体系设计：为［品牌］设计会员等级，普通会员享［95折］，黄金会员额外赠［生日礼包］，积分规则为消费1元=1积分，升级需累计消费［5000元］，并通过邮件推送专属活动。

节日营销策划：制定春节营销方案，推出［家庭礼盒套装］，文案突出"团圆时刻"，与［IP联名］合作，在抖音发起"晒全家福抽奖"活动，联合KOL推广限时折扣。

竞品分析报告：分析［竞品品牌］的产品线布局，例如其爆款［产品X］定价［299元］主打性价比，用户评价中［物流差评占比15%］，建议我司强化［售后服务］以形成差异化。

用户运营场景：请为［美妆会员日］策划激活文案，重点植入会员权益如［新品试用优先权］、［生日双倍积分］，强调独家福利［每月1次免费肤质检测］，面向［18–35岁女性用户]，结合场景［睡前护肤/约会急救］，设置行动入口［点击头像升级会员］解锁特权。

产品迭代：请为［空气炸锅二代］撰写升级公告，对比旧版强化功能［智能菜谱联动］、［降噪30%］，突出技术突破［3D热风循环专利］，面向［25-50岁家庭用户］，绑定场景［健康早餐/儿童辅食］，设置以旧换新补贴［最高抵200元］，引导至［品牌服务号］登记换购。

UGC引导：请为［春季连衣裙］策划UGC活动文案，要求用户展示［3种搭配技巧］，奖励机制［点赞超100送定制衣架］，强调产品优势［抗皱免烫面料］，目标人群［20-35岁职场女性］，关联场景［通勤/约会/旅行］，添加话题标签［#XX裙装日记］引导发布。

跨界合作：请为［动漫联名行李箱］设计宣发文案，融合IP元素［正版角色浮雕］，核心功能［海关密码锁+万向轮］，主打场景［学生开学/差旅出行］，设置联名特权［赠送限量徽章］，通过［联名专题页］引导预约抽奖。

清库存：请为［冬季羽绒服］撰写清仓文案，突出材质［90%白鸭绒填充］，价格对比［原价899现价299］，针对［南方越冬游客及北方用户］，绑定场景［滑雪/极寒通勤］，加入紧迫感话术［断码预警图示］，引导至［特卖专区］筛选尺码。

社交传播：请为［咖啡年卡］设计分享文案，突出权益［全年5折喝咖啡］，设置裂变机制［邀请3人得免费月卡］，目标人群［写字楼上班族］，绑定场景［下午茶拼单／早餐补给］，引导用户生成［专属邀请海报］并@好友。

产品测评：请为［石墨烯取暖器］撰写测评指南，要求博主对比竞品突出［速热3分钟］、［节能40%］，强调安全性［倾倒自动断电］，面向［南方无暖气家庭］，植入促销钩子［评论区抽免单名额］，引导观众点击［店铺首页］领取体验券。

场景化营销：请为［护眼台灯］策划场景文案，模拟［深夜加班／学生网课］痛点，强调功能［无蓝光+亮度记忆模式］，技术背书［德国TUV认证］，设置组合优惠［买台灯送计时器］，通过［场景化视频］引导跳转购买。

赠品策略：请为［精华液礼盒］设计赠品话术，主推正装［抗老精华+美白原液］，赠品策略［送定制美容仪（需晒单）］，面向［30+轻熟龄女性］，绑定场景［夜间修护／妆前打底］，通过［弹窗浮层］提示赠品限量库存。

本地化场景：请为［同城蔬果］撰写推广文案，强调［当日采摘直达］、［农药残留检测］，针对［本地家庭用户］，结合场景［宝宝辅食／健身餐］，设置区域化福利［3公里内满39元免运费］，引导至［定位页面］查看覆盖小区。

二、学习场景（20个）

课程推荐：根据用户目标"［考研英语］"，推荐3门课程如［某平台"真题精讲"］，说明其优势（名师授课+高频考点解析），对比价格后建议选择［性价比最高］的课程。

学习计划制定：为［大三学生］制定30天考研数学计划，每天早8–10点刷［真题］，晚6–9点整理错题，每周日模考并复盘薄弱章节如［概率论］。

知识点总结：用思维导图总结［初中物理"浮力"］知识点，包括阿基米德原理公式、常见题型（计算排开液体体积）、易错点（单位混淆）及记忆口诀"浮力等于液重排"。

考试复习建议：针对［雅思考试］，列出听力高频场景（学术讲座）、阅读提速技巧（略读首尾段），建议考前两周每天模考并重点练习［图表作文模板］。

学习工具推荐：推荐［编程学习］工具如［VS Code］（轻量级代码编辑器）、［LeetCode］（刷题平台），搭配［番茄Todo］管理每日2小时专注学习。

学习笔记整理：将［心理学课程］的碎片化笔记按章节重组，标注重点理论如"马斯洛需求层次"，添加个人案例"职场焦虑对应安全需求"，并生成Anki记忆卡。

学习打卡激励：设计21天英语打卡计划，每日任务［背50单词+1篇阅读］，社群内打卡满15天赠［外刊精读资料］，中断可补卡2次，每周评选"学习之星"。

学习资源整合：整理［数据分析］免费资源，包括Coursera入门课、Kaggle数据集、行业报告（艾瑞咨询），推荐书单《Python数据科学手册》并提供PDF获取链接。

学习目标设定：用SMART原则设定目标"6个月掌握

Python"，具体计划为每日1小时学习［基础语法→爬虫项目］，每月验收代码成果，最终达成［独立开发数据爬虫］。

学习效果评估：设计［高等数学］评估表，包含章节测试得分（如微积分90分）、应用能力（建模比赛获奖）、时间效率（日均2小时），提出下阶段重点突破［线性代数］。

知识拓展：为入门者设计［中西哲学对比］学习路径：①《大问题》精读 ②［看理想］音频课 ③［柏拉图洞穴寓言解析］，推荐使用［思维导图工具］构建知识体系，提示警惕［术语理解偏差］。

兴趣培养：为零基础学员匹配［乐理基础→指法训练→曲目进阶］三阶段课程，推荐［Yousician］智能跟弹APP，标注每日最佳练习时段（晚8-10点），提示避免［左手按弦常见错误］。

学习方法：根据学科"［法律条文］"推荐记忆法：①艾宾浩斯记忆表 ②［Anki］卡片组定制 ③场景联想训练，标注各方法日均耗时（30-50分钟），建议搭配［记忆宫殿入门课］提升效率。

读书报告：针对［书名］撰写读书报告，包括书籍基本信息如作者［作者名］，概括主要内容［章节梗概］，分享个人阅读感悟［感悟要点］。

学习进度自我评估：撰写学习进度自我评估报告，对照［学习目标］检查完成情况，分析未达目标的原因如［原因1］，制定改进措施并明确下一步学习重点。

学术讲座总结：总结［讲座主题］学术讲座，概括嘉宾观点如［观点1］、［观点2］，结合自身学习谈谈启发，整理讲座推荐的参考文献。

　　复习计划：制定［考试名称］复习计划，分析各科目分值分布，安排每日复习任务如［科目1］复习［时长］，每周进行知识回顾与自测。

　　课程总结：总结［课程名称］课程，回顾重点知识如［知识点1］、［知识点2］，梳理学习方法，反思自身学习不足并提出改进措施。

　　考试提分：针对备考时长"［3个月］"，设计［行测速攻+申论模板+时政押题］组合策略，标注每日学习强度（3小时/天），推荐使用［智能刷题APP］自动生成薄弱项报告，重点提示［图形推理专项突破课］。

　　考试焦虑干预：针对"［高考前失眠］"制定方案：①［正念呼吸训练音频］②［认知重构练习表］③［模拟考脱敏计划］，标注各方法起效时间（即时→3天→2周），建议家长配合执行［家庭压力隔离协议］。

三、办公场景（20个）

　　竞聘演讲：为竞聘［岗位名称］撰写演讲稿，介绍自身优势如［专业技能］、［工作经验］，阐述对岗位的理解和工作规划，如上任后［工作举措］。会议纪要整理：根据录音整理［项目启动会］纪要，突出关键决策如"研发周期压缩至3个月",行动项分配[张三负责需求文档,2周内提交]。

邮件撰写:为[市场部]撰写邮件,主题"[Q3推广方案确认]",内容需包含预算分配(线上50%、线下30%)、时间节点(8月1日定稿),语气正式并抄送[李总]。

PPT制作建议:为[融资路演]PPT设计结构:封面突出[品牌Slogan]、痛点分析(数据支撑)、解决方案(产品截图)、财务预测(3年增长率柱状图),视觉采用蓝黑配色。

工作汇报:撰写一份工作汇报,汇报对象为[上级领导],汇报周期为[时间段],重点突出完成的[任务1]、[任务2],取得的成果如[成果详情],以及下一步工作计划。

项目计划书:作为[项目组成员],为[新产品开发]制定计划书,分析市场背景如[市场需求],明确项目目标如[产品功能],规划执行步骤:[阶段1]完成[任务1],[阶段2]推进[任务2],预算分配[金额]至各环节,评估风险如[技术难题]并制定应对措施。

任务分配:根据[新产品上线]需求,分配任务:张三负责测试用例(8月5日完成),李四协调设计资源(7月30日前定稿),王五撰写用户手册(8月10日提交)。

工作总结:撰写[销售部季度总结],包含业绩达成(120%完成率)、关键动作(大客户拜访30家)、不足(售后响应慢),建议下季度增设[7x24小时客服专线]。

办公效率提升:建议使用[钉钉待办]管理任务,每天早晨10分钟规划优先级,下午4点集中处理邮件,减少会议时长至30分钟内,并采用［站立会］同步进度。

办公流程优化建议:分析［文件审批流程］现状,指出存在的［环节冗余］问题,提出优化方案,如采用［电子化审批系统］,预估实施后可节省［时长］,并制定试点计划。

团队知识分享计划:制定团队内部知识分享计划,每周［固定时间］进行分享,形式包括［内部培训/案例研讨］,内容涵盖［行业前沿知识/项目经验］,设立分享奖励机制,如评选月度最佳分享者。

跨部门协作方案:为促进［市场部与研发部］协作,设计协作机制,如定期［联合会议］,建立共享文档,明确双方职责,制定跨部门项目考核指标,确保协作效果。

员工培训与发展计划:根据［员工技能短板］,制定培训计划,包括［线上课程推荐］,线下工作坊安排,设定培训目标,如培训后［技能提升标准］,并跟踪培训效果。

业务流程改进建议:作为［业务流程］参与者,观察到［环节］存在问题,如［效率低下表现］,提出改进建议,如引入［新工具］,并预估改进后效果。

会议材料准备:为［部门周会］准备材料,汇总个人负责的［任务进展］,整理成PPT,重点突出［关键成果］,对未完成部分说明原因并给出计划。

工作问题反馈:以［岗位］员工身份反馈工作中发现的［问题］,如［流程漏洞/系统bug］,描述问题影响,提出初步建议,如［优化方案］,请求上级协调解决。

时间管理策略：为提高个人办公效率，制定时间管理策略，采用［番茄工作法］，划分工作时段，明确各时段任务，设置优先级，减少干扰因素，如关闭非必要通知。

软件使用技巧：分享 Excel 高级技巧，如 VLOOKUP 跨表查询、数据透视表快速统计，并录制5分钟实操视频附截图，供团队新人学习。

会议主持：设计［产品评审会］流程：开场5分钟目标说明，每人3分钟提案，投票选出最优方案，最后10分钟明确下一步分工，严格控制超时发言。

团队建设：策划月度团建活动，可选［密室逃脱＋晚餐交流］，预算人均200元，提前调研员工意向，并安排车辆接送，结束后收集反馈优化下次方案。

数据分析报告：分析［上半年销售数据］，按区域对比增长率（华东+15%、华南-5%），归因于［华东促销活动］，建议华南增加［地推团队］并优化选品。

四、自媒体场景

1. 运营类（10个）

热点创作：结合［AI技术争议］热点，撰写文章"AI取代人类？5个无法被替代的职场技能"，适合知乎平台，引用专家观点并加入投票互动。

短视频脚本：设计［健身教程］60秒脚本：开场"3个动作瘦全身"，中间分段演示（每个动作10秒），结尾"跟练打卡截图抽奖",添加热门BGM《本草纲目》。

粉丝互动：为［美妆账号］设计互动文案："夏天你最怕脱妆哪个部位？评论区抽3人送［定妆喷雾］！"，配图表情包"睫毛膏晕成熊猫眼"。

内容策划：制定［旅行账号］月度计划：每周一目的地攻略（图文）、周三vlog（本地人推荐）、周五互动问答（旅行神器推荐），蹭话题#暑假去哪儿。

数据分析：分析账号近月数据，发现［穿搭视频］播放量高于［探店］，建议增加OOTD内容，优化发布时间至晚8点，并尝试与品牌联名推广。

涨粉策略：设计小红书涨粉方案：统一封面风格（莫兰迪色+大字标题），日更3篇（2篇干货+1篇生活），互动区抽奖要求@好友，合作腰部KOL互推。

品牌塑造：为［个人IP］定位"职场效率教练"，内容围绕时间管理、工具测评，视觉设计采用深蓝主色调+闪电符号，slogan"1小时完成别人3小时工作"。

内容变现：规划知识付费路径：免费发布［Excel技巧］引流，付费课程［99元系统课］，社群提供1对1答疑，同步接品牌商单（办公文具类）。

直播策划：设计［读书账号］直播流程：预热视频"今晚8点揭秘2023必读TOP10"，直播中分章节解读《原子习惯》，穿插抽奖送书，引导加入粉丝团。

优化建议：针对［流量下滑］问题，建议调整标题关键词（加入"干货""避坑"），增加信息密度（每期3个知识点），并尝试平台新功能（弹幕互动）。

2. 内容类（10个）

美食教程脚本：创作［美食名称］制作教程脚本，风格［生活化/专业］，时长［具体时长］，开头用［诱人画面/趣味问答］吸引观众，详细展示食材准备、烹饪步骤，结尾鼓励观众点赞收藏，以分镜头形式呈现镜头号、画面、台词、时长等信息。

科技产品评测推文：撰写［产品名称］评测推文，开头用［引人入胜的问题或数据］引出产品，从外观设计、性能表现、用户体验等方面评测，结合实际使用场景，结尾与读者互动，询问他们对该产品的看法。

健身日常小红书笔记：分享［健身动作］日常健身笔记，采用图文形式，开头展示［健身前/后对比图］，内容包括动作示范、注意事项、个人训练计划，语言轻松幽默，引导读者尝试并在评论区分享进展。

情感话题微博文案：围绕［情感话题］撰写微博文案，开头用［热门话题标签］，正文以个人经历或身边故事为案例，表达对情感问题的见解，结尾引导转发评论，如呼吁大家珍惜身边人。

知识科普抖音短视频：针对［科学知识］制作科普短视频，以［趣味实验/动画］引入，用通俗易懂语言讲解原理，结合生活实例，结尾设置提问环节，增加观众互动，引导点赞关注学习更多知识。

旅行攻略公众号文章：撰写［目的地］旅行攻略，包括交通方式、住宿建议、特色美食、景点游玩顺序、购物地点、娱乐活动等信息，结合个人旅行经验，提供实用贴士。

手工DIY教程B站视频：创作［手工制品］DIY教程视频脚本，风格［趣味/实用］，开头用［成品展示/问题引入］，详细讲解材料准备、制作步骤，过程中加入技巧提示，结尾鼓励观众投币收藏。

时尚穿搭小红书图文：制作［穿搭风格］穿搭分享图文，开头用［季节/场景］引入，展示完整穿搭LOOK，分解上衣、下装、鞋子、配饰等单品，说明购买渠道或平替产品，搭配实用穿搭公式。

游戏攻略知乎盐选：撰写［游戏名称］深度攻略，涵盖关卡解析、角色培养、装备选择、战斗技巧等内容，以第一人称视角叙述游戏体验，分享独家心得，解答玩家常见疑问。

宠物饲养经验分享：在［平台名称］分享［宠物种类］饲养经验，从喂养知识、日常护理、训练方法、健康护理等方面展开，结合个人养宠故事，提醒新手注意事项，推荐靠谱的宠物用品。

五、家教场景（10个）

预习辅导：作为［家长］，辅导孩子预习［科目］，预习前了解孩子预习内容，准备学具，营造学习氛围；预习中引导孩子圈画重点、尝试解题、总结疑问；预习后检查预习成果，解答疑问，给予鼓励。

兴趣培养：作为［家长］，激发孩子［兴趣领域］兴趣，了解孩子喜好，共同挑选［兴趣相关物品］，创造［兴趣探索环境］，每天固定时间亲子共读，读后分享感受，引导孩子复述情节、表达观点。

时间管理：作为［家长］，引导孩子制定［学习/活动］时间表，明确［时间段］、休息时段，培养孩子守时意识，执行过程中监督提醒，根据实际情况灵活调整，帮助孩子养成自律习惯。

作业辅导：作为［家长］，辅导孩子做［科目］作业，先复习［知识点］，再让孩子独立完成作业，过程中不直接给答案，引导思考解题思路，作业完成后共同检查，分析错误原因。

情绪安抚：作为［家长］，当孩子遇到［难题类型］情绪低落时，首先理解孩子情绪，给予安慰，分享自己小时候类似经历，引导孩子换个角度思考问题，鼓励孩子勇敢尝试，完成后及时肯定表扬。

错题整理：作为［家长］，引导孩子建立［科目］错题本，将做错的题目誊抄下来，分析错因，记录正确解题步骤，定期回顾错题，强化知识点记忆，考试前重点复习错题。

运动习惯：作为［家长］，培养孩子［运动类型］运动习惯，与孩子一起制定［运动计划］，准备［运动装备］，确保运动安全，运动后为孩子准备[营养餐]，鼓励孩子坚持，培养孩子团队合作意识。

书写纠正：作为[家长]，纠正孩子[书写问题]，引导孩子认识书写重要性，示范正确[书写姿势]，准备[书写工具]，定期检查书写情况，将孩子书写作品对比展示，增强孩子书写自信心。

理财观念：作为[家长]，培养孩子[理财方面]观念，给孩子一定[零花钱金额]，引导孩子制定[消费计划]，带孩子参与[家庭采购活动]，鼓励孩子存钱，为孩子设立[小银行账户]，让孩子了解金钱来之不易。

拖延纠正：作为[家长]，纠正孩子[任务类型]拖延问题，与孩子一起制定[任务清单]，分解任务，设置[奖励机制]，引导孩子自我反思，营造积极家庭氛围，培养孩子时间紧迫感。

六、投资场景

股票分析：分析[腾讯控股]近期走势，对比大盘表现，指出[游戏业务承压]但[云计算增长强劲]，技术面MACD金叉，短期目标价看至[400港元]。

投资组合建议：为[稳健型投资者]配置组合：50%债券（国债+企业债）、30%蓝筹股（茅台、平安）、20%黄金ETF，年化目标收益6-8%，最大回撤控制5%以内。

市场趋势预测：基于当前[美联储加息]背景，预测下半年科技股波动加剧，建议增配［消费防御板块］，关注［食品饮料］龙头估值修复机会。

风险评估：分析［新能源基金］风险，包括政策补贴退坡、技术迭代不确定性，建议持仓不超过总资产20%，并设置止损线［–15%］。

理财规划：为［30岁白领］制定5年计划，月存5000元定投指数基金，配置重疾险保额100万，目标40岁时积累［200万］资产，年化收益8%。

投资教育：撰写一篇［基金定投］科普文，解释"微笑曲线"原理，举例月投1000元5年收益，推荐支付宝"智能定投"功能，适合小白分散风险。

回报分析：计算［某房产项目］投资回报，首付200万，租金年收入12万，5年后预估房价增值至300万，IRR内部收益率约9%，需考虑［空置率风险］。

心理辅导：针对用户"焦虑抛售"行为，撰写安抚文案："市场波动是常态，建议回顾长期投资目标，避免情绪化操作，可适当调整仓位但勿清仓。"

案例研究：分析［巴菲特投资比亚迪］案例，从2008年买入逻辑（新能源趋势）、持有策略（忽略短期波动），总结"长期主义+赛道洞察"的重要性。

政策解读：解读［科创板新规］，说明注册制简化流程、允许未盈利企业上市，利好［生物科技］行业，建议关注［创新药研发］公司标的。